国家出版基金项目
NATIONAL PUBLICATION FOUNDATION

珠江流域水生态健康评估丛书

桂江流域
水生态健康评估

王旭涛　黄迎艳　黄少峰　赵晓晨　李思嘉　编著

中国水利水电出版社
www.waterpub.com.cn
·北京·

内 容 提 要

本书以桂江为例，基于水质、大型底栖无脊椎动物、鱼类、着生硅藻、水生高等植物、河滨带植被等一系列野外调查监测，建立了一套由敏感物种、水质、河流生物栖息地质量以及河流生态系统综合状况构成的桂江水生态健康评估框架，并进行了应用和验证，为桂江流域的河流健康评估提供了理论与方法，也可为其他地区的河流水生态健康评估提供参考和借鉴。

本书可为从事水生态监测、河流健康调查与评估、河流生态保护及修复的科研和管理人员提供参考。

图书在版编目（CIP）数据

桂江流域水生态健康评估 / 王旭涛等编著. -- 北京：
中国水利水电出版社，2021.5
（珠江流域水生态健康评估丛书）
ISBN 978-7-5170-9636-8

Ⅰ. ①桂… Ⅱ. ①王… Ⅲ. ①珠江流域—水环境质量
评价 Ⅳ. ①X824

中国版本图书馆CIP数据核字(2021)第106187号

书　　名	珠江流域水生态健康评估丛书 **桂江流域水生态健康评估** GUI JIANG LIUYU SHUISHENGTAI JIANKANG PINGGU
作　　者	王旭涛　黄迎艳　黄少峰　赵晓晨　李思嘉 编著
出版发行	中国水利水电出版社 （北京市海淀区玉渊潭南路 1 号 D 座　100038） 网址：www. waterpub. com. cn E-mail：sales@waterpub. com. cn 电话：（010）68367658（营销中心）
经　　售	北京科水图书销售中心（零售） 电话：（010）88383994、63202643、68545874 全国各地新华书店和相关出版物销售网点
排　　版	中国水利水电出版社微机排版中心
印　　刷	北京印匠彩色印刷有限公司
规　　格	184mm×260mm　16 开本　9.5 印张　243 千字
版　　次	2021 年 5 月第 1 版　2021 年 5 月第 1 次印刷
印　　数	001—500 册
定　　价	**72.00 元**

河流健康包含生态和人类价值的概念。河流健康取决于河流保持其结构和功能的能力、受干扰后恢复的能力、支持当地生物群的能力和维持关键过程的能力。健康的河流能够为人类社会活动提供一系列的生态服务功能。保持和改善河流健康需要对当前的生态状况和生态系统进行准确评估，同时确定不健康的河流所面临的风险、原因以及协助河流恢复的优先排序，提高管理行动的效率，增强政府和更广泛社区对河流现状的认识。

桂江是珠江水系重要的一级支流，也是我国著名的旅游区。随着桂林市社会经济发展，人类对自然的扰动程度日渐剧烈，加上自然条件的约束，桂江水生态系统出现了水文、水化学、生物等特征的变化。

为探明桂江流域生态系统的具体健康状况，为桂江的保护和管理提供理论依据，以及为其他地区的河流生态系统健康评价提供参考和借鉴，2010 年水利部珠江水利委员会在"中澳河流健康与生态流量项目"框架下，以桂江流域为试点，与澳大利亚合作开展河流健康及环境流量的研究工作。

本书在确定了河流健康评估目标的基础上，选择适当的指标开展监测计划并改进所选指标，评估指标所反映的河流健康状况，辨识出其最脆弱的组分和最应该重视的问题，并提出相应的管理措施，构建了一套由关键物种状况、水质、河流生物栖息地质量以及河流生态系统综合评估构成的桂江生态系统健康评估框架。

本书共分为 11 章，第 1 章和第 2 章由黄迎艳撰写，介绍了河流健康的概念，河流健康评估的目标、范围、框架和原则，并介绍了桂江流域的基本情况；第 3 章至第 5 章由王旭涛撰写，构建了桂江流域的水文、形态结构的压力源、水质、鱼类、大型底栖无脊椎动物、附生硅藻、河岸带植被的健康评估体系，并对指标灵敏度进行了分析；第 6 章至第 9 章由黄少峰、黄迎艳、王旭涛、赵晓晨撰写，介绍了健康评估体系中各指标的评估结果；第 10 章由黄少峰撰写，分析了桂江流域河流不健康的主要表征与压力；第 11 章由李思嘉撰写，针对桂江流域河流健康面临的压力提出了相应的管理对策。

本书的出版得到了珠江流域水环境监测中心、珠江水资源保护科学研所等单位的大力支持，在此表示衷心感谢。

本书受到国家出版基金项目资助，在此表示感谢。

限于作者的能力和水平，书中难免存在错误和纰漏，恳请读者斧正。

作者

2021 年 4 月

目 录

前言

1 研究背景与方法 ……………………………………………………………… 1

  1.1 河流健康的重要性 ………………………………………………………… 1

  1.2 本书的目标 ………………………………………………………………… 2

  1.3 本书方法和原理概述 ……………………………………………………… 3

  1.4 制定监测计划的关键步骤 ………………………………………………… 3

2 桂江流域基本情况 ………………………………………………………………… 6

  2.1 基本情况 …………………………………………………………………… 6

  2.2 河流水系 …………………………………………………………………… 7

  2.3 水文和气候 ………………………………………………………………… 8

  2.4 地质和植被 ………………………………………………………………… 9

  2.5 人口与土地利用 …………………………………………………………… 10

  2.6 水功能区划 ………………………………………………………………… 10

  2.7 面临威胁 …………………………………………………………………… 10

  2.8 梯级开发概况 ……………………………………………………………… 11

  2.9 河流主要生态环境问题 …………………………………………………… 12

3 河流健康评估技术方案 ………………………………………………………… 15

  3.1 水功能区划分 ……………………………………………………………… 15

  3.2 评估方法 …………………………………………………………………… 16

4 河流健康评估调查监测技术方案 ……………………………………………… 29

  4.1 河流形态调查 ……………………………………………………………… 29

  4.2 水文情势 …………………………………………………………………… 31

  4.3 水质状况 …………………………………………………………………… 31

  4.4 水生生物监测 ……………………………………………………………… 33

  4.5 河流形态结构（河岸和河道状况） ……………………………………… 36

  4.6 河岸和河道内植被 ………………………………………………………… 39

  4.7 水文变异 …………………………………………………………………… 40

5 指标灵敏度分析 ………………………………………………………………… 43

  5.1 统计方法 …………………………………………………………………… 43

  5.2 土地利用干扰梯度概述 …………………………………………………… 44

5.3　对干扰梯度指标的反应 ·· 44
5.4　潜在指标总结 ·· 56

6　桂江流域河流健康评估 ·· 58
6.1　河流形态评估 ·· 58
6.2　水文情势评估 ·· 63
6.3　水质状况评估 ·· 67
6.4　水生生物评估 ·· 78
6.5　指标体系综合评估 ·· 91

7　生态系统健康参考值、评分选项和结果 ··························· 93
7.1　简介 ··· 93
7.2　设定参考值 ·· 93
7.3　桂江流域指标值选项 ·· 93
7.4　桂江流域的潜在目标值与阈值 ·· 97
7.5　河流健康评分 ·· 101
7.6　指标分数的集合和报告 ··· 101
7.7　基于试点数据的河流健康评估 ·· 102

8　桂江健康评估关键技术问题思考 ···································· 108
8.1　珠江流域健康评估需重点关注的生态环境问题 ···················· 108
8.2　评估指标体系问题 ·· 108
8.3　河流健康评估方法 ·· 111
8.4　河流健康评估监测现状及发展方向 ··································· 112

9　公众满意度 ·· 114
9.1　调查对象统计 ·· 114
9.2　调查问题统计分析 ·· 115
9.3　公众满意度赋分 ·· 119

10　河湖不健康的主要表征与压力 ···································· 120
10.1　总体评估 ··· 120
10.2　指标体系整体特征 ··· 120
10.3　不健康的主要表征 ··· 121
10.4　不健康的主要压力 ··· 121

11　健康管理对策 ·· 123
11.1　河流健康保护及修护目标 ·· 123
11.2　桂江河流健康维护策略 ·· 123

附表1　桂江流域水功能区划 ·· 124
附表2　桂江流域水功能区河岸带调查表 ······························· 127
附表3　河流健康评估公众调查表 ·· 144

1

研究背景与方法

1.1 河流健康的重要性

"河流健康"包含生态和人类价值的概念。河流健康取决于河流保持其结构和功能的能力，受干扰后恢复的能力，支持当地生物群（包括人类社会）的能力和维持关键过程的能力，如输沙、营养物循环、废物同化和能量交换等。总的来讲，健康的河流是有能力保持其生态完整性的河流。

河流健康非常重要。健康的河流能够为人类提供饮用水、农业和工业用水，提供鱼类和其他渔业产品，提供运输、发电、娱乐等一系列生态服务功能。如果河流不健康，就失去了以上有价值的产品和服务能力。

保持和改善河流健康需要对当前的生态状况和生态系统进行准确评估。同时，确定不健康的河流所面临的不健康风险、原因，协助河流恢复的优先排序，提高管理行动的效率和效力，增强政府和更广泛社区对河流现状的认识。

河流健康监测涉及河流可能的空间和时间范围内对干扰做出反应的河流生态系统内的所有因素，包括水质、水生动植物的结构和丰度、水文以及河系形态结构。重要的是，单个的变量不能明确表示河流生态状况，需要一系列辅助变量来准确描述河流健康。因此，对于河流健康评估，仅仅依靠单一的水质监测是远远不够的。

当前，随着流域经济社会的快速发展，珠江流域的局部水污染问题日趋严重，水生态环境问题日益突出，流域水生态环境保护面临的形势更为严峻，主要体现在以下几个方面。

（1）流域用水量快速增长，将进一步挤占生态需水流量。按现状用水水平，如不加强节水型社会建设，到 2030 年城镇生活、生产用水量将增加 215 亿 m^3。用水量的快速增加，一方面将使珠江流域水资源调配能力低的问题更加突显；另一方面将进一步挤占生态需水流量，降低生态需水流量的保证程度，引发湿地面积萎缩、河口赤潮频发、咸水入侵等一系列生态环境问题。

（2）流域废污水排放量持续增长，水功能区水质达标压力不断加大。按流域目前粗放的用水模式，到 2030 年流域废污水排放量将增加到 257 亿 t，即使按强化节水水平，2030 年流域废污水排放量仍将达到 179.3 亿 t。虽然目前流域内城镇污水处理率有一定程度提高，但由于污水管网配套较为落后，入河排污口布设不合理，加上面源污染的影响，流域局部水污染严重的问题仍难以解决。

（3）珠江中上游河流开发程度进一步加大，对流域水生态环境的影响日益显现。目前珠江流域已经开发的和正在开发的水电站总装机容量超过了 2826 万 kW。2020 年珠江流域主要干支流形成水库梯级链，天然河段保留率将进一步下降至 40％以下，导致当前河流形态的均一化和不连续化进一步加大，生态需水流量保障问题日益突出，引发水体自净能力减弱、水华发生概率增加、生物多样性降低等一系列生态环境问题。

目前的流域管理采取的是一种分散化、以行政辖区为基础的管理模式，不同的资源类型隶属于不同的管理部门，因此造成了管理的职能脱节，并割裂了流域水文、生态系统原有的完整性特征。水生态文明建设，有助于实现水资源的可持续利用以支撑经济社会可持续发展；有助于维系良好水环境和生态系统，实现人水和谐共存；有助于改善民生和提高人民福祉，促进和谐社会发展。但水生态文明建设的理论尚处于探索中，与水生态修复、节水型社会建设、民生水利、最严格水资源的关系不明确。目前，水利部已开展了首批45 个、第二批 59 个试点城市水生态文明建设方案编制，但编制水平与实施效果参差不齐。因此，亟须开展流域尺度上的生态文明建设理论、方法和实证的研究，为解决流域水生态健康问题、推动流域人与自然和谐发展提供新的思路。此外，流域管理与区域管理相结合的国家法定水资源管理制度，决定了水生态文明建设在规划上要以流域为单元整体布局，在目标实现上需要流域机构与省（自治区）水行政主管部门统筹协调、各有侧重、互为支撑、共同推进。

从"全流域"着眼，围绕"跨区域"和"省界"等重点关键部位，聚焦流域水生态文明建设热点和难点，选择典型河流，进行水生态文明流域示范区建设，是促进流域人水和谐的需要，是引领和示范珠江流域及我国南方水生态文明建设的需要，也是珠江流域经济社会可持续发展的需要。本书着眼于珠江全流域，围绕"跨区域"和"省界"等重点关键部位，针对珠江流域水生态文明现状和存在问题，选择流域内水生态文明基础条件较好、代表性和典型性较强的省界河流作为水生态文明建设示范区，开展流域水生态文明建设。示范区建设方案将流域水利发展摆在生态文明建设的突出位置，以适宜的水利科学理论、方法和关键技术为基础，对水资源保护、水利基础设施建设、水生态保护修复等工作做出科学部署。项目实施后，对有效促进珠江水利委员会更好地履行流域机构职责，推动流域和地方水生态文明建设，转变流域治水理念和模式，提升流域现代化管理水平具有重要意义。

1.2 本书的目标

本书在进行综合河流健康评估研究时，桂江试点的目标是：

（1）评估桂江流域生态状况。

（2）示范如何使用报告卡来总结桂江河流健康状况。

（3）评论可能影响河流健康的因素和适当的政策反应。

（4）制定和示范适合珠江流域甚至全国的河流健康评估技术框架。

（5）对全国更大范围内的河流健康监测计划提出建议。

1.3　本书方法和原理概述

　　总体而言，本书中河流健康监测和评估的方法，借鉴了在澳大利亚昆士兰东南部的淡水生态健康监测项目（EHMP）中成功应用的方法。这种方法重视对概念模型的运用，通过和参照点的对照，挖掘潜在的河流健康指标，并进行客观的测试，具体步骤如图1-1所示。这种方法包括8个重要步骤，在桂江试点研究中也应用了这种理念与方法，本书中的很大部分内容结构也以其为基础，以下章节会对每个步骤的概念进行较为细致的论述。

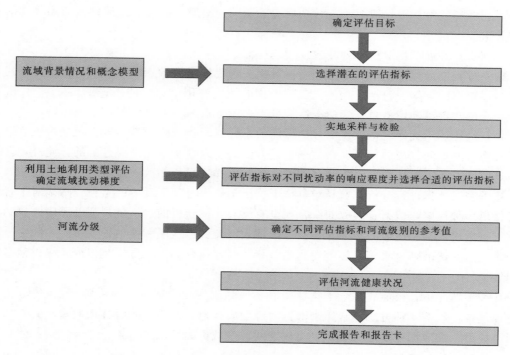

图1-1　河流生态系统健康监测和评估过程及主要步骤

1.4　制定监测计划的关键步骤

　　第一步：确定河流健康评估的目标。

　　不同区域的河流所提供的特定生态价值和服务功能各不相同，由此所产生的人类干扰和与之相关的价值也各不相同。河流健康监测与评估的目标就是侧重于评估特定的河流资产及其重要价值，同时确定河流干扰对以上价值所造成的胁迫和威胁，评估河流是否处于可接受的健康水平之上。

　　第二步：建立概念模型，将一系列驱动因素和潜在影响因素相关联。

　　概念模型是制定河流健康监测和评估计划的一个重要环节。模型的建立有助于确定有利于河流生态系统健康的重要过程是什么；随着生态系统健康的恶化，河流生态过程可能如何变化；有利于确定应当监测河流健康的哪些方面，从而指导河流健康指标的选择和解读。概念模型还是有价值的交流工具，特别是图表式模型有助于与非技术公众进行交流。

　　第三步：选择适当的指标。

　　指标为河流健康评估提供多方面的精确衡量方法，使用一系列指标（如水质、鱼类、植物）能够将河流生态系统的特征全面描述出来。这些指标基于第二步构建的概念模型所确定，是河流生态系统的重要部分。

　　全世界范围内已有大量指标被用于河流健康监测与评估，水质、无脊椎动物、附生硅藻、鱼类、水生高等植物、河岸带植被以及水文条件是河流生态系统中的最常用的关键指标。而选择对威胁、干扰或对管理行动反应敏感的河流健康指标对河流健康监测计划的成功至关重要。

　　第四步：开展试行取样计划并改进所选指标。

　　这一过程中最重要的步骤是检测指标对相关干扰梯度的敏感度。对干扰梯度的描述取决于多种数据的获得，包括：①量化流域干扰的土地利用信息（使用遥感）；②量化流量干扰梯度的水资源利用信息；③适当纳入压力梯度的点源污染（例如：工业污染源）。

　　一旦描述了干扰梯度，就需要评估可能的指标对干扰变化的敏感度。无论是现有数据还是实地考察期间收集的新数据，数据获得方法的一致性是最先需要考虑的。此外，在不同地点取样，还需保证数据收集时间的可比性和取样技术一致。

　　接下来对数据进行分析，选择对具体干扰措施做出可预测反应的指标。指标对干扰梯度可做出多种反应，包括直线或曲线，或没有反应，或随机的、不可预测的反应。总的来说，只有做出可预测反应的指标才会被考虑纳入河流健康监测和评估计划中。一般会排除过于多变、无法清晰显示干扰梯度变化趋势、与其他指标的反应方式类似或者提供信息很少的指标。

　　在许多情况下，可能有多个干扰梯度（土地利用变化、取水、污染等），这使分析变得更加复杂。以下4种方法最常用来筛选河流健康指标：①简单的线性回归模型；②非线性回归模型；③数据减少的方法，以将复杂的梯度减少为简单的标准（如PCA）；④更加复杂的模型方法（如多重回归）。

　　选择多重回归模型是因为它能够确定综合性的干扰梯度，以及干扰梯度起作用的范围（如整个流域），并量化每个干扰因素的变化比例。

　　第五步：河流分类，确定"同质"河流类型。

　　通过分类将相似类型的河流分组是河流健康评估的重要步骤，更是河流管理的重要步骤。只有相似类型的系统才能够进行对比，才能设定相同的阈值，从而判断河流健康状况的好坏。

　　在制定监测计划时，确定"同质"河流类型非常重要，是因为：①适用于某一类河流的指标类型可能不适用于其他河流；②对某一类河流的取样方法可能对其他河流来说是不可能使用的或是不相关的；③即使是在同样指标可用于不同河流类型的情况下，阈值或目标也可能不同。

　　第六步：选择生态指标的适当参考值。

　　设定参考值的传统方法是使用不受人类干扰的参考点。然而，这个参考点在如今已经很难找到，而且在考虑河流健康状况之前无法表明最小的干扰值应当是多少。因此，通常会对现场所得到的数据进行统计分析，协助设定一个适当的评分系统。

　　第七步：评估河流健康和报告及交流结果。

　　不管河流健康评估的技术复杂程度如何，最关键的部分是其成果如何以最简单、有效的方式与不同群体交流。这些群体包括受不同程度技术培训的政府官员、科学家以及广大公众。一份详细描述的技术报告和简洁明了的总结报告对于不同的读者是同等重要的，技术报告确保不同的技术专家组开展监督工作，而总结报告可以使官员和公众更好地了解政策的执行结果。在本书中，除了翔实的技术报告，还制作了简洁明了的"报告卡"，以供不同的读者使用。

　　第八步：实施管理行动，侧重优先性区域威胁。

　　河流健康评估除了检查和报告河流生态系统情况外，更重要的是指导如何改善和管理河流健康。在改善河流健康状况前，需要确保所有河流健康状况都在最低标准以上，并且投资指向最高价值的（最好的）河段，这些决策要基于预期的希望，并且以河流健康评估为指导。

桂 江 流 域 基 本 情 况

2.1 基本情况

桂江作为珠江流域西江水系一级省界支流，位于广西东北部，处于"跨区域"和"省界"关键部位（湘、桂交界），属于珠江流域机构管辖及科研单位技术服务范围。桂江流域属于亚热带季风气候区，气候温和，河流密布，水量充沛，生物资源丰富，拥有特色鲜明的"江-河-湖-库"区域水生态环境体系，是我国水生态本底条件较为优越的区域之一。

桂江流域面积约18729km²，桂江发源于广西兴安县华江乡猫儿山东坡老山界的南侧，到大溶江镇，汇入著名的古运河灵渠后称漓江。漓江流经桂林、阳朔、平乐，汇恭城河后始称桂江。再经昭平、苍梧，于梧州市与浔江汇合入西江。作为漓江、浔江和资江汇合的三江源头，2003年国务院批准桂江上游大榕江为国家级自然保护区，使绿色水源涵养林得到有效保护。根据水利部《关于水生态系统保护与修复的若干意见》（水资源〔2004〕316号），确定桂江流域内桂林市为第一批水生态系统保护与修复的试点，取得显著成效，并于2008年7月顺利通过水利部和广西壮族自治区人民政府的联合验收。2010年以来，珠江水利委员会按照水利部统一部署要求，将桂江列为试点开展了一系列健康评估工作，积累了大量的基础资料，与地方政府建立了良好的合作关系。《漓江流域生态环境保护条例》于2012年1月1日起实施。2013年，桂江示范区建设被列入《珠江委落实〈国务院关于实行最严格水资源管理制度的意见〉任务分解方案》（珠水政资〔2013〕13号）。2014年，桂林市列入第二批全国水生态文明城市建设试点。上述工作为桂江流域的水生态文明建设打下了良好基础。

今后一个时期，是桂江流域经济社会加快发展的关键时期，桂江流域的开发面临新形势新挑战，且热点和难点在珠江流域内具有一定的代表性。

（1）工业化加快推进，城镇化快速提高。大量的人口和产业向城市聚集，基础设施不断完善，必然挤占更多的农业用地和生态用地，产业布局调整，并增加污染物排放，水污染是难以避免的严峻挑战。

（2）国际化加快发展，生态环境要求提高。广西处在国际化水平全面提升阶段，日益成为国内外产业转移的重要地区。居民消费结构快速升级和生活质量不断提高，在对生态系统的自我调节造成更大压力的同时，对生态环境质量提出了更高的要求，客观需要更加优美的环境、清洁的水源，势必会加剧经济社会发展与生态环境保护的矛盾。

（3）水资源开发利用率增加，水生态环境问题亟待解决。水资源可持续利用已成为我国经济社会发展的战略问题，流域社会经济发展以及梯级水电站建设规划，带来了较为严重的水资源保护压力；加之流域气候因素和喀斯特地区地貌特征导致的洪涝和干旱并存问题，如何提高用水效率、保障水资源安全是水资源持续利用的核心内容。

针对珠江流域水生态文明现状和存在问题，本书选择流域内水生态文明基础条件较好、代表性和典型性较强的省界河流——桂江作为水生态文明建设示范区，开展流域水生态文明建设。示范区建设方案将流域水利发展摆在生态文明建设的突出位置，以适宜的水利科学理论、方法和关键技术为基础，对桂江水资源保护、水利基础设施建设、水生态保护修复等工作做出科学部署。项目实施后，对有效促进珠江水利委员会更好地履行流域机构职责，推动流域和地方水生态文明建设，转变流域治水理念和模式，提升流域现代化管理水平具有重要意义。

2.2　河流水系

桂江发源于广西兴安县西北部的猫儿山，上游称陆洞河、漓江，在中、低山峡谷中向南流至兴安县司门前附近，东纳黄柏江，西受川江，合流称榕江；由榕江镇汇灵渠水，改称漓江，继续向南流经灵川、桂林、阳朔，继而折向东南流至平乐；在平乐县城附近荔浦河和恭城河汇入后称桂江，自此河流进入中山峡谷区，直至松林峡，出峡谷入昭平盆地，至梧州市汇入西江。昭平至梧州市河段，有较大的支流思勤江、富群河分别在昭平、马江镇附近相继汇入。

桂江流域形状两端狭小，中间宽阔，似菱形，流域地形北高南低，北部以越城岭与长江流域的湘江、资水为界。东北面有海洋山、都庞岭与沱水分界，东部有花山、大桂山与贺江分水，西面有驾桥岭、大瑶山与洛清江、蒙江分水，西北有天平山与柳江分水。流域分水岭较高，主峰海拔均在1250m以上，其中猫儿山主峰海拔为2141m。流域位于华南加里东褶皱系钦州残余海槽与大瑶山凸起交汇处，地处滨太平洋构造域与特提斯构造域的复合区内，属低山丘陵地貌，植被较茂盛，树枝状水系发达。总体而言，流域内海拔300m以上的山区面积占流域面积的53%，海拔300m以下的台地占流域面积的19.5%，喀斯特地区约占流域面积的27.5%，流域内多为典型的低中山峡谷地貌区域。根据成因分类，有构造地貌、侵蚀剥蚀地貌、侵蚀堆积地貌、河流地貌等类型。规划河段呈"之"字形自西北流向东南，河床呈宽U形，河床宽200～370m。在河流凸岸可见第四系一阶、二阶地分布，多呈不规则的长条状，相应的河流凹岸往往岸坡较陡，自然边坡30°～40°。

桂江全流域面积为18729km²，其中广西境内18119km²，湖南境内610km²，主流河长438km，河道平均坡降0.5‰。流域内海拔在300m以上的山区面积占流域面积的52%，喀斯特地区面积约占流域面积的48%。从流域面积来看，桂江主要有5条较大支流：最大支流为恭城河，其次为荔浦河，均在平乐县城附近流入桂江；较大支流还有桂林以上的甘棠江，在灵川汇入桂江；以及平乐县至昭平县之间的思勤江，昭平至马江镇之间的富群河。桂江流域内在各行政区的流域面积见表2-1，桂江主要河道特征见表2-2。

表 2-1　　　　　　　　　　桂江流域内在各行政区的流域面积表

行政区名称	流域面积/km²	行政区名称	流域面积/km²	行政区名称	流域面积/km²
桂林市	11637	平乐县	1919	平桂管理区	125
资源县	42	荔浦县	1658	昭平县	3140
兴安县	1270	恭城县	2113	钟山县	1160
灵川县	2202	来宾市	323	梧州市	1524
临桂县	430	金秀县	323	蒙山县	57
桂林市辖区	575	贺州市	4622	苍梧县及梧州市辖区	1467
阳朔县	1428	富川县	197	合计	18106

表 2-2　　　　　　　　　　桂江主要河道特征表

河道名称	集水面积/km²	河道长/km	干流平均坡降/‰	占桂江流域面积/%
恭城河	4323	170	6.2	23.08
荔浦河	2048	118	9.3	10.93
思勤江	1778	108	2.21	9.49
富群河	1222	89.6	1.94	6.52
甘棠江	778	70	8.68	4.15
龙江河	378	52	7.81	2.00
桂江干流	18729	438	0.50	100

2.3　水文和气候

桂江流域地处低纬度地区，属亚热带季风区，气候温和，雨量充沛，无霜期长，光照充足，热量丰富，夏长冬短，雨热基本同季，流域内降水时空分布不均。北部年平均降水量为 2000～2400mm；中、下游年平均降水量为 1500～1600mm。年内降水量主要集中在丰水季（3—8 月），占全年降水量的 75% 以上，枯水季（9 月至次年 2 月）降水量占全年的 25% 以下。

流域的最上游冬季偶有冰雪，一般常年温度较高，历年平均气温为 18.8℃，历年月平均最高气温为 28℃（7 月），最低气温为 7.9℃（1 月）；极端最低气温为 -5.1℃，极端最高气温为 38.5℃。下游年平均气温约 19.7℃，月平均最高气温为 28.8℃（7 月），最低气温约为 9.2℃（1 月）；极端最低气温为 -4.1℃，极端最高气温为 40.0℃。桂江流域内湿度较大，丰水季平均相对湿度为 76%，枯水季为 6%～13%。蒸发量从 1592mm 到北部的 1078mm 间变化。

桂江流域地形北高南低，有利于南面进入的水汽堆积和降雨，雨季来得较早，3 月进入汛期。桂江上游是广西的暴雨中心之一，降雨强度大，流域洪水具有汇流快、峰高量大、暴涨暴落、易于成灾的特点。桂江流域水量丰富，根据《中华人民共和国（分流域）水力资源复查成果（2003 年）第 3 卷 珠江流域》，桂江河口的多年平均流量 597m³/s，水量年内分配不均，3—8 月径流量约占全年径流量的 82%，9 月至次年 2 月占全年的 18%。流域多年平均降水深为 1709.4mm，折合年降水总量 310.2 亿 m³。受气候和地形影响，流域内降雨分布不均，上游青狮潭、砚田、华江一带是多雨中心，最大年降水量达 3606mm，平均年降水量 2000~2400mm；处于河谷山脉入口处的桂林及昭平两地，因受地形抬升影响，降水量也较大，桂林一带多年平均降水量为 1900mm 左右，昭平一带多年平均降水量为 2100mm 左右，其余地带一般雨量较少，年平均降水量为 1400~1600mm。上下游汛期有所不同，上游汛期为 4 个月，下游达 6 个月。桂江流域洪水多发生在汛期的 4—7 月，5—6 月发生年最大洪水次数最多，约占 70%，最大一次洪水出现在 1908 年，马江水文站测得洪峰流量为 20000m³/s。

　　桂江流域植被良好，水土流失不严重，河床多为鹅卵石遍布，常见河水碧清。据统计，桂林水文站多年平均含沙量为 0.085kg/m³，平乐站多年平均含沙量为 0.12kg/m³，下游马江水文站多年平均含沙量为 0.131kg/m³。

2.4　地质和植被

　　根据广西构造体系和区域地质分析，流域地质构造受多期构造运动影响。规划流域地质构造位置，处于桂中—桂东台陷，大瑶山凸起之东南部，夏郢—料口复式向斜南翼部分；本地区经加里东后期褶皱运动，寒武系地层受南北压应力的作用，褶皱强烈，产生一系列北东东及近东西向倒转背、向斜，后又经燕山早断裂构造与花岗岩侵入的影响形成寒武系岩层的轻变质作用。主要褶皱有新利倒转向斜、塘尾倒转背斜、下水背斜；工作区北东、北北东向断裂较为发育。规划区内出露的地层有寒武系、白垩系、第三系、第四系和燕山期花岗岩。

　　流域上游大溶江一带主要是页岩及砂岩地层，桂林市至平乐县之间大部分是中泥盘系石灰岩，石芽林立，溶洞众多，共同构成"桂林山水甲天下"的自然景观，平乐县以下是砂页岩地区。总体来看，流域内水土保持情况良好，河水含泥量较小。桂江流域大面积石灰岩形成了独特的喀斯特地貌。流域上游基质以红土、砖红壤、红壤、黄棕壤为主，下游和阶地常见的是沙土、滨海盐土和水稻土。海拔从北部的约 2000m 下降至南部的 50m。

　　桂江泥沙来源广泛，粒径范围也广，有粒径大到 200mm 的卵石，也有小到 0.005mm 以下的黏性土，含泥量小于 5%。卵石主要成分为石英砂岩、石英，分选性较好。从上游山区性河道至中游台地河道沿程各河段的河床组成各不相同，水流携带的泥沙级配也不同。桂江泥沙有卵石、砾石散粒体泥沙（包括粗、中、细沙）和黏性颗粒泥沙，当水流到某一临界条件时，河床面上的泥沙开始运动，随着水流强度的增大，进入运动的泥沙颗粒也增加，桂江中上游的沙石主要来源于两岸支流汇入的泥沙。桂江含沙量较低，年均含沙量为 0.134kg/m³，汛期可达 0.315kg/m³，年输沙量为 265 万 t。

　　桂江植物种类繁多，大部分地区被阔叶林所覆盖，天然林覆盖率非常高。流域多山并具有较高的观赏价值，多受到保护。森林面积约占 49%，草地面积占 36%。

2.5 人口与土地利用

2013 年年末，桂江流域所涉及的县市中，桂林市 5 个区 12 个县总人口为 292.13 万人，其中城镇人口 104.33 万人，乡村人口 187.80 万人；贺州市 2 个区 3 个县总人口 74.6 万人，其中城镇人口 20.70 万人，乡村人口 53.90 万人；梧州市 2 个区 1 个县 71.63 万人，其中城镇人口 35.11 万人，乡村人口 36.52 万人；来宾市 1 个县总人口 1200 人，均为农村人口。

桂江流域所涉及的县市中，2013 年，桂林市 5 个区 12 个县，地区生产总值为 106.97 亿元，其中第一产业生产值 16.42 亿元、第二产业生产值 46.93 亿元、第三产业生产值 43.62 亿元，人均地区生产总值 36684 元；贺州市 2 个区 3 个县，地区生产总值 11.26 亿元，其中第一产业生产值 1.77 亿元、第二产业生产值 5.20 亿元、第三产业生产值 4.29 亿元，人均地区生产总值 19835.7；梧州市 2 个区 1 个县，地区生产总值 77.83 亿元，其中第一产业生产值 1.89 亿元、第二产业生产值 73.68 亿元、第三产业生产值 2.26 亿元，人均地区生产总值 61135 元。

桂江流域社会经济发展程度不高，人口以农业人口为主。通过遥感解译分析可知，18729km^2 流域面积中，自然植被覆盖度较高；流域面积中 49% 为森林覆盖，36% 为草地，14% 为农业用地，城市化面积仅占约 1%，具体见表 2-3。

表 2-3　　　　　　　　　　　　　　桂江流域土地利用现状表

序　号	用地类型	所占比例/%	序　号	用地类型	所占比例/%
1	森林	49	4	城市化用地	1
2	草地	36	5	总计	100
3	农业用地	14			

2.6 水功能区划

根据《全国重要江河湖泊水功能区划（2011—2030 年）》《关于印发〈广西壮族自治区水功能区划〉的通知》（桂水水政〔2003〕11 号）与《关于贺州市桂江昭平至苍梧河段水功能区划调整方案的批复》（桂政函〔2009〕181 号），桂江流域水功能区划方案见附表1。

2.7 面临威胁

2.7.1 污染（包括污水）

桂江流域的工业发展水平很低，水污染主要来源于非点源污水、农业和城市排污。尽管很多大城镇与市区拥有污水处理厂，但很多小村子和当地居民区排放的污水会对桂江的支流以及干流造成影响。

2.7.2　采砂和采石

尽管大部分市县制定了河道采砂管理规定和采砂规划，明确了允许采砂的河道和区域以及禁采区，并且近年来已关闭了 30 多家沿漓江的采石厂，但还有 52 家采石厂在平乐县的桂江等 6 条河流进行大规模采石。另外，非法采金也很常见。据了解，桂江流域有 400 多艘非法淘金船，主要分布在昭平县段和苍梧县河段。

2.7.3　入侵动植物种群

目前，桂江最主要的外来入侵物种有福寿螺、巴西龟、"加拿大一枝黄花"以及水葫芦。前两种是以食用为目的引入桂林的，尽管没有资料记载，但认为它们都对生态环境造成了一定程度的破坏。"加拿大一枝黄花"和水葫芦来自北美，进入到当地环境中会迅速取代本地植物，并改变原有生态系统功能。

2.7.4　水量不均衡

桂江水资源虽然总量丰富，但丰水季和枯水季径流量相差悬殊。枯水季从 9 月至次年 2 月，径流量仅占全年径流量的 18%。实测最小月平均流量仅 $5.9\,\mathrm{m^3/s}$，为多年平均径流量的 4.5%。由于上游蓄水工程调节能力不足，致使枯水期常出现严重的缺水问题，包括干旱、水质恶化、无法通航等。

2.7.5　渔业压力

由于现有水电站没有过鱼设施，限制了鱼类向上、下游分散的能力，每年有 40 万～60 万尾鱼被堵在桂江，造成桂江迁移物种的消失。上游河段依靠渔业谋生的渔民还面临巨大的渔业压力。在更广泛的珠江流域，人们越来越多地认识到过度捕鱼对鱼类数量的影响，每年鱼类产卵期都会出台捕鱼禁令。虽然过度捕鱼不能说明生态系统健康状况差，但如果不认真管理，会导致健康状况的恶化，因此将鱼类健康指标纳入河流健康评估是非常有价值的。

2.8　梯级开发概况

据初步调查，评估范围河段内分布有梯级水电站 10 个，具体见表 2-4。

表 2-4　　　　　　　　　　桂江流域评估范围内梯级水电站信息表

序号	梯级水电站	坝址	装机容量 /MW	控制流域面积 /km²	所在河流
1	斧子口水电站	广西兴安县华江瑶族自治乡	15.0	325	陆洞河
2	双潭水电站	广西桂林灵川县双潭村	69.0	1260	漓江
3	巴江口水电站	广西平乐县大发瑶族自治乡	78.0	12621	桂江

续表

序号	梯级水电站	坝址	装机容量 /MW	控制流域面积 /km²	所在河流
4	昭平水电站	广西昭平县昭平镇	63.0	13170	桂江
5	下福水电站	广西昭平县昭平镇富裕村	45.0	15200	桂江
6	金牛坪水电站	广西昭平县马江镇熊埠村	48.0	15748	桂江
7	京南水电站	广西苍梧县京南乡	69.0	17388	桂江
8	旺村水电站	广西梧州长洲区旺村	40.0	18261	桂江
9	山口水电站	广西荔浦县东昌镇	0.8	1925	荔浦河
10	江口水电站	广西平乐县平乐镇	0.8	1950	荔浦河

2.9 河流主要生态环境问题

随着桂林市社会经济的发展，人类对自然的扰动程度日渐剧烈，加上自然条件的约束，桂江水生态系统出现了水文、水化学、生物等特征的变化。具体表现为洪水季节来水迅猛，水土流失量大；枯水季节水源不足、河床干涸、水环境容量降低、局部水域尤其是城区支流污染严重、水生物种减少等。

2.9.1 水资源季节分布严重不均

桂江流域降水资源充沛，桂林城区漓江断面多年平均流量为 132.6m³/s。受气候影响，水资源季节分布严重不均，3—8 月为丰水期，9 月至次年 2 月为枯水期。以桂林城区为例，3—8 月漓江地表径流总量占全年地表径流总量的 82%；9 月至次年 2 月占 18%，枯水期水资源量不足丰水期水资源量的 1/4。

水资源季节分配严重不均，导致了"水多""水少"问题，即洪水与干旱，带来了水系统的水文、水力、景观条件的变化。

1. 水多——洪涝灾害频繁

桂江源头区是华南暴雨中心，洪水主要由上游暴雨形成，发生时间一般在 4—8 月，其中以 5 月、6 月、7 月最频繁。桂江上游桂林城区大部分地处一级阶地，地面高程 143~160m，多在 7~20 年一遇洪水位之间。尽管沿河两岸断断续续修建了部分河堤、护岸工程，但考虑到桂江景观效果的要求，堤顶高程按 10 年一遇洪水位限高，部分堤防未达到 10 年一遇高程，防洪任务严峻。

近年来，桂林城区段洪水频繁，平均每 2 年就出现一次较大的洪水，平均每 7 年即有一次严重的洪涝灾情。中华人民共和国成立以来，灾情严重的年份有 1949 年、1952 年、1974 年、1992 年、1994 年、1998 年、2002 年。其中，1998 年洪灾为中华人民共和国成立以来最严重，仅次于历史上有记载的 1915 年洪水，最高洪水位高达 147.70m，流量达到 5890m³/s，淹没城区 25km²，最大淹没水深 4m，一般淹没水深 1.5m，受灾人口 48.8 万人，造成城区直接经济损失 21.63 亿元。

2. 水少——干旱缺水

桂江流域汛期 3—8 月洪涝灾害频繁，而 9 月至次年 2 月水旱灾害也很严重。在枯水期，桂林城区河段多年平均最枯流量为 10.8m³/s，实测最小流量为 3.8m³/s。通过运用日均流量进行不同保证率下的来水流量分析：每年 11 月至次年 1 月，95％保证率下的流量为 9～12m³/s，97％保证率下的流量为 8.1～10.8m³/s。枯水期干旱缺水，常常导致河流断流，水功能缺失，影响河道外安全用水、河流环境用水以及景观娱乐用水。

1988 年 12 月，漓江桂林水文站流量降低至 13m³/s，旅游航道严重堵塞，数个风景点难以到达，游程严重缩短；城区河段龙船坪、滨江、平山 3 个点取水困难，10 多万市民用水告急。由于水位下降，给桂林城区瓦窑水厂供水的漓江叉河道水浅，过水断面骤减，抽水站的水源不足，发生供水危机，不得不紧急施工挖深河道扩大进水断面以增大水源。1989 年枯水期，漓江出现最小流量 7.44m³/s，是中华人民共和国成立以来第 3 个干旱年（年降水量仅为 1687.8mm），66 条河流有 34 条断流，枯水期由原来的 3 个月延长到 6 个月。2004 年 1 月，桂林水文站流量仅有 8.5m³/s，漓江面临封航的境地。

自 1987 年以来，青狮潭水库在确保 40 万亩（26.67 万 hm²）农田灌溉用水的前提下，枯季开始向漓江补水。十多年来平均每年向漓江补水 1.24 亿 m³，为漓江沿岸生活用水、漓江通航做出了巨大贡献。然而，青狮潭水库向漓江补水不是其主要功能，首先必须满足农业抗旱，在保证粮食生产安全的前提下实施补水，因此，漓江的补水需要通过联合其他渠道来完成。

2.9.2 水生生物的种群变化

根据 2006—2007 年广西水产研究所开展的漓江水生生物实地调查，并对比 20 世纪七八十年代的调查结果，可知：

（1）鱼类：2006 年与 1974—1976 年相比，鱼类种的数量减少了 47.1％，大型经济鱼类种类数量明显减少，少数小型鱼类成为优势种，大多数名贵鱼类已经不见踪影，渔获物中鱼类个体低龄化。

（2）底栖动物：对比 20 世纪 80 年代初，种类数增加了 17.72％、生物密度增加了 85.41％，总体生物多样性较丰富。然而，底栖动物在整个水生态系统中却表现得比较脆弱，尤其是在枯水季节或漓江补水不足时显得尤为突出。

（3）浮游动物：1980 年总共发现浮游动物 87 种，2006 年漓江浮游动物调查共检出 159 种。漓江浮游动物种类有所增加，喜营养型种类数量增加，成为优势种群，说明漓江水质有向富营养化演变的趋势。

（4）浮游植物：1982 年调查与本次调查比较，漓江浮游植物优势种群未发生变化，均为硅藻类。浮游植物数量变化较大，2006 年调查浮游植物数量是 1982 年的 1181 倍（平均值），说明漓江水质有富营养化的趋势。

总体上，水生生物种群变化较大：鱼类种类减少，呈低龄化趋势；底栖动物种类数量增多，与食物链缺失也有关（如大体型鱼类缺乏）；浮游动植物种类大幅度增加，与水体富营养化趋势有关。

造成漓江鱼类自然资源日趋枯竭的原因是多方面的：①由于流域范围内经济活动的日

趋频繁，毁林开荒、乱砍滥伐的现象屡禁不止，造成水土大量流失、河道阻塞；②漓江上相继建设的 5 道水电枢纽大坝，割断了漓江与大江河的生态联系，使得其"孤岛效应"十分明显；③沿江城市人口密度日益膨胀，环境压力加重，未经处理的生活污水和一些处理不达标的工业废水都排入漓江，造成局部的水域污染；④由于经济利益的驱使，渔民肆无忌惮地酷渔滥捕。

2.9.3 水域面积缩小、连通性降低

随着人口增多，城市化用地扩张，土地资源变得紧缺，河流、湿地被挤占或被开发利用；由于枯季用水困难而拦坝设障，导致河流连通性降低、河床暴露、湿地被蚕食。以会仙湿地为例，由于农田占用、筑堤养殖、提水灌溉、湿地污染等，湿地呈现破碎景象，水域零星分布，退化严重。

同时，"城中村"产生的垃圾无序处置，污废水随处排放，导致河床淤塞、水体污染，生态环境恶化。这类现象多集中在城区周边、"城中村"一带，如南溪河上游、小东江、灵剑溪等。

河流健康评估技术方案

3.1 水功能区划分

3.1.1 评估目的

桂江流域试点河流健康评估划分以水功能区划分为主，水功能区的划分充分考虑了河流自然条件、人类活动与河流功能之间的关系，具有明确的水质目标，有利于与河流管理相结合。需对每一个水功能区进行健康评估，水功能区划见附表1。

河流健康评估不单单是评价河流生态状况，更多是阐明河流健康面临的威胁，评估管理措施的效力，要基本保障河流健康结构和功能能长期、持续为人类提供服务和功能的底线。实际上通过河流健康评估，仍然在寻求河流开发和保护的平衡点。因此，河流健康评估就有了大量的利益相关者，他们对河流健康以及所期望的状态就各不相同。在河流健康监测前，需要对河流健康评估目的有较全面和清楚的认识。

由于本次为试点研究，无法就桂江所面临的所有威胁、希望该河流提供的所有服务以及预期可以优先管理的全部方面进行一一阐明，表3-1只列出了影响桂江健康的一些关键因素和通过适当的管理措施就可以改善河流健康的指导措施。实际上，应当征求更广泛的利益相关者群体的意见对这些内容进行评估，以确保监测计划在提供关于流域状况信息方面满足他们的需求。

表 3 - 1 人类干扰和根据背景报告确定的管理优先事宜

人类干扰	管理优先事宜	人类干扰	管理优先事宜
由于大坝产生的流量变化	评估障碍物对取水的影响	城市化	由于采砂造成的直接影响
河道内采砂	评估渔业的影响	稀释农田污染	减少营养物量

3.1.2 河口健康概念模型

图3-1呈现的是一个非常简单的突出桂江流域河流健康潜在威胁的概念模型，主要干扰包括农业土地利用、城市化、采砂和由于水力发电和取水产生的水文变异。这些都是中国和世界上其他国家相当典型的河流状况恶化的驱动因素。

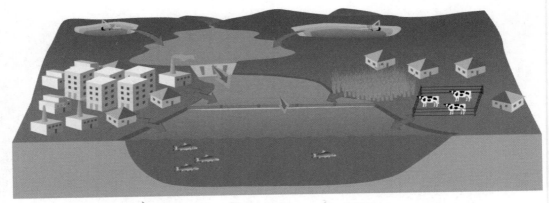

水流多样性　　　点源汇入　　　面源汇入

图 3-1　桂江流域河流健康潜在威胁的概念模型

3.1.3　桂江流域分区

河流健康监测主要解决以下几个方面的问题：第一个是选择在自然等级中相对不多变而仍对人类干扰能够灵敏指示的指标；第二个是使用当地的环境条件来预测没有任何人类干扰下的河流生态系统状况物种，澳大利亚的 AUSRIVAS 和英国的 RIVPACS 就是这种方法的成功应用。由于气候、地形、土壤等在河流不同区域的变化，河流健康监测中的许多指标很大程度上反映的是自然条件的变化，而不是人类干扰因素的变化。河流分区是指把具有相似生态系统、发挥相似生态功能的陆地及水域划分为一个单元，为水生生态系统的研究、评价、修复和管理提供一个合适的空间单元，反映的是以河流为中心的，在形态、理化、生物要素以及人为影响等方面的水生态系统的区域差异。在相同的河流分区内就能够为决策提供强有力的支撑，可以认识到水生态系统破坏的形成原因与机制，在实行水生态区划与水功能区划共同管理的基础上就可以实现水资源生态功能与资源功能的协调，并制定出有针对性的生态保护与资源利用方案。

在本试点项目中，对桂江流域的分区，主要基于气候和地形变量，包括地质、温度、降水、海拔和坡度等。利用 SPSS 软件和最初确定的类别将桂江流域划分为上游、干流和下游支流。这也在很大程度上与基于 Strahler 河流等级分类（Strahler，1952）相符，有时也作为区分不同规模和位置的河流的一种简单方法。在流域分区的基础上，共确定了 25 个监测位点。

3.2　评估方法

根据《河流健康评估指标、标准与方法（试点工作用）1.0 版》（以下简称《方法（1.0 版）》），并结合珠江健康的特色，桂江流域健康评估指标体系设计见表 3-2。由表可知，桂江流域健康评估指标体系的健康要素包括 4 个类别，即河流形态、水文情势、水质状况和水生生物。其中包括水质、土地利用、地貌、鱼类、附着藻类和底栖无脊椎动物等。要经过很多关键步骤才能确定适当的、与河流健康目标相符的指标，图 3-2 主要显示的是监测与河流健康评估指标的选取过程。

表 3-2　　　　　　　　　　桂江流域健康评估指标体系设计表

试点水体	健康要素	指标类别	评价指标
桂江流域	河流形态（RM）	河岸带状况（RS）	河岸带状况
		河流连通性（RC）	河流连通阻隔状况
		防洪安全（FS）	防洪达标率
	水文情势（HR）	生态流量（EF）	日径流量占多年平均流量比率
		流量过程（FD）	实测径流与天然径流偏离指数
		水文过程（HD）	实测水文过程与推荐环境水文过程方案偏离指数
	水质状况（WQ）	DO 水质（DO）	溶解氧
		耗氧有机物（OCP）	高锰酸盐指数、五日生化需氧量、化学需氧量、氨氮
		重金属（HMP）	砷、汞、镉、铬、铅
		苯系物（BCP）	甲苯、乙苯、邻二甲苯、间二甲苯
	水生生物（AL）	附生硅藻（ED）	特定污染敏感指数、硅藻生物指数
		底栖动物（ZB）	多样性指数、均匀度指数
		鱼类损失（FOE）	现状鱼类种类与历史鱼类种类比值

注：□ 全国统一指标　■ 珠江流域特色指标　。

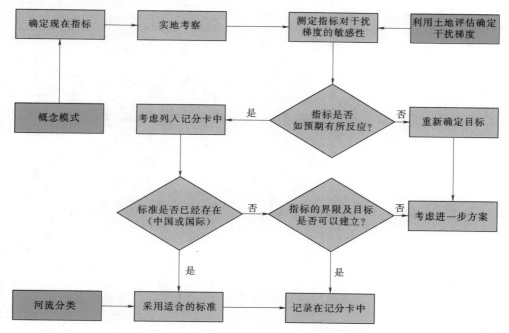

图 3-2　监测与河流健康评估指标的选取过程

3.2.1 河流形态

1. 指标说明

桂江河流形态评估采用河岸带状况、河流连通阻隔状况与防洪达标率进行。河岸带状况包括河岸稳定性指数（BKS）、河岸带植被覆盖度（RVS）、河岸带人工干扰程度（RD）表达；河流连通阻隔状况主要调查评估河流对鱼类等生物物种迁徙及水流与营养物质传递阻断状况，重点调查评估区内的闸坝阻隔特征；防洪达标率针对具有防洪功能河段，调查达到防洪标准的堤防长度比例。

2. 计算方法

（1）河岸带状况。

1）河岸稳定性指数（BKS）。

河岸稳定性评估要素包括河岸倾角、河岸高度、河岸基质特征、河岸植被覆盖度和坡脚冲刷强度。计算公式为

$$BKSr = \frac{SAr + SCr + SHr + SMr + STr}{5} \tag{3-1}$$

式中　　$BKSr$——河岸稳定性指数赋分；

$\quad\quad SAr$——河岸倾角分值；

$\quad\quad SCr$——河岸植被覆盖度分值；

$\quad\quad SHr$——河岸高度分值；

$\quad\quad SMr$——河岸基质特征分值；

$\quad\quad STr$——坡脚冲刷强度分值。

各项分值按表3-3标准赋分。

表3-3　　　　　　　　　河岸稳定性指数（BKS）赋分标准

岸坡特征	稳定	基本稳定	次不稳定	不稳定
分值	90	75	25	0
斜坡倾角（SA）/(°)	<15	<30	<45	<60
植被覆盖度（SC）/%	>75	>50	>25	>0
岸坡高度（SH）/m	<1	<2	<3	<5
河岸基质（SM）（类别）	基岩	岩土河岸	黏土河岸	非黏土河岸
坡脚冲刷强度（ST）	无冲刷迹象	轻度冲刷	中度冲刷	重度冲刷
总体特征描述	近期内河岸不会发生变形破坏，无水土流失现象	河岸结构有松动发育迹象，有水土流失迹象，但近期不会发生变形和破坏	河岸松动裂痕发育趋势明显，一定条件下可以导致河岸变形和破坏，中度水土流失	河岸水土流失严重，随时可能发生大的变形和破坏，或已经发生破坏

2）河岸带植被覆盖度（RVS）。

采用直接赋分法，计算公式为

$$RVSr = \frac{TCr + SCr + HCr}{3} \tag{3-2}$$

式中　TCr、SCr、HCr——评估区所在生态分区参考点的乔木、灌木及草本植物覆盖度，按表3-4进行赋分。

表3-4　　　　　　　　　　河岸带植被覆盖度（RVS）赋分标准

植被覆盖度（乔木、灌木、草本）	植被特征	赋　分
0<RVS≤10%	植被稀疏	0～30
10%<RVS≤40%	中度覆盖	30～60
40%<RVS≤75%	重度覆盖	60～100
>75%	极重度覆盖	100

3）河岸带人工干扰程度（RD）。重点调查评估在河岸带及其邻近陆域进行的9类活动，包括河岸硬性砌护、采砂、沿岸建筑物（房屋）、公路（或铁路）、垃圾填埋场或垃圾堆放、河滨公园、管道、农业耕种、畜牧养殖。

对评估区采用每出现1项人类活动减少其对应分值的方法进行河岸带人类影响评估。无上述9类活动的河段赋分为100分，根据所出现人类活动的类型及其位置减除相应的分值，直至0分，具体见表3-5。

表3-5　　　　　　　　　　河岸带人工干扰程度（RD）赋分标准

序号	活动类型	赋分	序号	活动类型	赋分
1	河岸硬性砌护	−5	6	河滨公园	−5
2	采砂	−40	7	管道	−5
3	沿岸建筑物（房屋）	−10	8	农业耕种	−15
4	公路（或铁路）	−10	9	畜牧养殖	−10
5	垃圾填埋场或垃圾堆放	−60			

4）河岸带状况分数计算。

河岸带状况分数在上述3个指标的基础上计算，公式为

$$RSr = BKSr \times BKSw + RVSr \times RVSw + RDr \times RDw \tag{3-3}$$

式中　BKSw、RVSw、RDw——河岸稳定性指数、河岸带植被覆盖度与河岸带人工干扰程度的指标权重，分别取0.25、0.5与0.25。

（2）河流连通阻隔状况。

对评估区每个闸坝按照阻隔分类分别赋分，然后取所有闸坝的最小赋分，按照式（3-4）计算评估断面以下河流纵向连续性赋分。

$$RCr = 100 + \min[(DAMr)_i] \tag{3-4}$$

式中　RCr——评估区连通阻隔状况赋分；

（DAMr）$_i$——评估区大坝阻隔赋分（$i=1$，n_{Dam})，n_{Dam}为大坝座数，（DAMr）$_i$按表3-6进行赋分。

表 3 - 6 闸坝阻隔赋分表

鱼类迁移阻隔特征	水量及物质流通阻隔特征	赋分
无阻隔	对径流没有调节作用	0
有鱼道，且正常运行	对径流有调节，下泄流量满足生态基流	-25
无鱼道，对部分鱼类迁移有阻隔作用	对径流有调节，下泄流量不满足生态基流	-75
迁移通道完全阻隔	部分时间导致断流	-100

（3）防洪达标率（FLD）。

防洪达标率（FLD）计算公式如下：

$$FLD = \frac{\sum_{n=1}^{NS}(RIVL_n \times RIVWF_n \times RIVB_n)}{\sum_{n=1}^{NS}(RIVL_n \times RIVWF_n)} \qquad (3-5)$$

式中　FLD——河流防洪达标率；

　　　$RIVL_n$——水功能区 n 的长度，评估河流根据防洪规划划分的河段数量；

　　　$RIVB_n$——根据河段防洪工程是否满足规划要求进行赋值：达标，$RIVB_n=1$，不达标，$RIVB_n=0$；

　　　$RIVWF_n$——河段规划防洪标准重现期（如 100 年）。

防洪达标率（FLD）按表 3-7 进行赋分。

表 3 - 7 防洪达标率（FLD）赋分标准

防洪达标率（FLD）/%	95	90	85	70	50
赋分	100	75	50	25	0

3. 河流形态赋分方法

（1）有防洪需求的河段，指标之间采用分类权重法计算各指标的评估分值，具体如下：

$$RM_r = RS_r \times RS_w + RC_r \times RC_w + FLD_r \times FLD_w \qquad (3-6)$$

式中　RS_w、RC_w、FLD_w——河岸带状况、河流连通性与防洪达标率指标权重，权重分别为 0.5、0.25、0.25。

（2）无须评价防洪指标的河段，指标之间采用分类权重法计算各指标的评估分值，具体如下：

$$RM_r = RS_r \times RS_w + RC_r \times RC_w \qquad (3-7)$$

式中　RS_w 和 RC_w——河岸带状况和河流连通性指标权重，权重分别为 0.7 和 0.3。

3.2.2 水文情势

1. 流量过程变异程度

（1）指标说明。

流量过程变异程度指现状开发状态下，评估区评估年内实测月径流过程与天然月径流过程的差异。反映评估区监测断面以上流域水资源开发利用对评估区河流水文情势的影响程度。

（2）计算方法。

$$FD = \left\{ \sum_{i=1}^{12} \left(\frac{q_m - Q_m}{\overline{Q}_m} \right)^2 \right\}^{1/2}, \overline{Q}_m = \frac{1}{12} \sum_{m=1}^{12} Q_m \qquad (3-8)$$

式中　q_m——评估年实测月径流量；

　　　Q_m——评估年天然月径流量；

　　　$\overline{Q}_m$——评估年天然月径流量年均值。

（3）评估标准。

流量过程变异程度指标赋分标准见表 3-8。

表 3-8　　　　　　　流量过程变异程度指标赋分标准

FD	赋分（FDr）	FD	赋分（FDr）
0.05≤FD<0.1	75<FDr≤100	1.5≤FD<3.5	10<FDr≤25
0.1≤FD<0.3	50<FDr≤75	≥3.5	≤10
0.3≤FD<1.5	25<FDr≤50		

2. 生态流量满足程度

（1）指标说明。

河流生态流量是指为保护河流生态系统的结构、功能而必须维持的流量，采用最小生态流量进行表征。

（2）计算方法。

EF 指标表达式为

$$EF1 = \min\left[\frac{q_d}{\overline{Q}} \right]_{m=4}^{9}, EF2 = \min\left[\frac{q_d}{\overline{Q}} \right]_{m=10}^{3} \qquad (3-9)$$

式中　q_d——评估年实测日径流量；

　　　$\overline{Q}$——多年平均径流量；

　　　EF1——4—9 月日径流量占多年平均流量的最低百分比；

　　　EF2——10 月至次年 3 月日径流量占多年平均流量的最低百分比。

（3）评估标准。

生态流量满足程度指标赋分标准见表 3-9。

表 3-9　　　　　　　生态流量满足程度指标赋分标准

分级	推荐基流标准（年平均流量百分数）		赋分（EFr）
	EF1 育幼期（4—9 月）	EF2 一般水期（10 月至次年 3 月）	
1	≥30%	≥50%	100
2	20%～30%	40%～50%	80～100
3	10%～20%	30%～40%	40～80
4	10%～20%	10%～30%	20～40
5	<10%	<10%	0～20

3. 流量健康指标（IFH）

（1）指标说明。

流量健康指标法是中澳环境伙伴合作项目（ACEDP）中最大的子项目中国河流健康及环境流量项目所研究开发的生态流量评估及分析计算方法。流量健康指标由 8 个指标组成，分别是丰水期水量指标（HFV）、枯水期水量指标（LFV）、最大月水量指标（HFM）、最小月水量指标（LFM）、连续高流量指标（PHF）、连续低流量指标（PLF）、连续极小流量指标（PVL）和水量季节性变化指标（SFS）。

（2）计算方法。

8 个指标的计算方法如下：

1）丰水期水量指标（HFV）和枯水期水量指标（LFV）。

丰水期水量指标（HFV）和枯水期水量指标（LFV）的评估及赋分是基于参照系列一定保证率的阈值范围进行的。参照系列一般可以用还原后的天然径流系列或者用大型水库建设以前的实测径流系列。首先应分别计算参照系列丰水期水量（6 个月）及枯水期水量（6 个月），计算丰水期水量和枯水期水量的 $P=25\%$ 和 $P=75\%$ 相应的频率值；然后计算评估年内丰水期水量及枯水期水量；最后，对丰水期水量指标（HFV）和枯水期水量指标（LFV）进行赋分，赋分方法如图 3-3 所示。

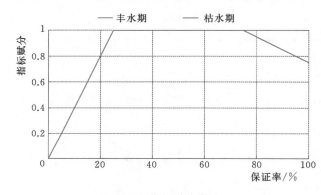

图 3-3　指标赋分方法图

2）最大月水量指标（HFM）和最小月水量指标（LFM）。

最大月水量指标（HFM）和最小月水量指标（LFM）与丰水期水量指标（HFV）和枯水期水量指标（LFV）的计算方法类似。首先计算参照系列最大月水量指标（HFM）和最小月水量指标（LFM）的分布及其频率值，然后计算评估年内最大月水量和最小月水量，最后评估年内的指标，按图 3-3 的赋分方法计算最大月水量指标（HFM）和最小月水量指标（LFM）。

3）连续高流量指标（PHF）和连续低流量指标（PLF）。

连续高流量指标（PHF）和连续低流量指标（PLF）用来反映评估年内某一量级的流量是否连续。首先计算参照系列每月流量的分布及其频率值，然后按以下标准定义评估年每月流量的值：

$$V_{P=25\%} \leqslant V_{i=1,2,3,\cdots,12} \leqslant V_{P=75\%}, PF_{i=1,2,3,\cdots,12}=0$$
$$V_{i=1,2,3,\cdots,12} < V_{P=25\%}, PF_{i=1,2,3,\cdots,12}=-1$$
$$V_{i=1,2,3,\cdots,12} > V_{P=75\%}, PF_{i=1,2,3,\cdots,12}=-1$$

接着对连续为 1 或 -1 的值进行求和，取其绝对值最大值 SUMPF=1，SUMPF=-1；最后，连续高流量指标（PHF）=（1-SUMPF=1/12），连续低流量指标（PLF）=

$(1-\text{SUMPF}=-1/12)$。

4）连续极小流量指标（PVL）。

首先计算每月 $P=1\%$ 的水量，并作为极小流量指标，然后判断评估年内每月流量是否小于极小流量指标，若小于则赋值为 1，否则赋值 0。统计评估年内连续为 1 之和的最大值 SUM，连续极小流量指标（PVL）$=(1-\text{SUM}/6)$。

5）水量季节性变化指标（SFS）。

首先计算参照系列每月的平均流量（或流量中位值），对每月平均流量进行排位；然后计算评估年内月流量的当年排位，计算评估年月流量当年排位与相应月份平均流量排位的绝对差值，接着计算全年绝对差值的平均值，则水量季节性变化指标（SFS）$=(6-$平均值$)/6$。

6）流量健康指标（IFH）。

流量健康指标（IFH）为上述 8 个指标的平均值。流量健康指标可用于判断某一河段水量受人类活动影响的变异情况，指标越大，河流流量变异程度越小，受人类活动影响越小。同时，亦可根据所定义流量健康指标，反推出满足某一流量健康指标条件下所需的逐月最小生态流量过程。

（3）流量健康指标（IFH）赋分方法。

流量健康指标（IFH）赋分方法如下：

$$\text{IFH}r=\text{IFH}\times100 \qquad (3-10)$$

4. 水文情势赋分方法

（1）桂林、平乐、马江/京南和恭城 4 个水文站：

$$\text{HR}r=\text{FD}r\times\text{FD}w+\text{EF}r\times\text{EF}w+\text{IFH}r\times\text{IFH}w$$

式中　　　　　HRr——水文情势健康要素评估分值；

FDw、EFw、IFHw——流量过程变异程度、生态流量满足程度与流量健康的指标权重，分别取 0.3、0.2、0.5。

（2）阳朔和荔浦 2 个水文站：

$$\text{HR}r=\text{EF}r\times\text{EF}w+\text{IFH}r\times\text{IFH}w \qquad (3-11)$$

式中　　　HRr——水文情势评估分值；

EFw、IFHw——生态流量满足程度与流量健康的指标权重，分别取 0.3、0.7。

3.2.3　水质状况

1. 指标说明

水质是水生生态系统的重要组成部分，水质同样会对水生生物造成压力。由于我国水质数据较为完善，在河流健康评估中也可以使用长时间序列的监测数据，分析河流健康的变化趋势。

生态系统健康监测和评估中通常包括水质物理和化学性质，例如温度、pH 值、电导率、混浊度、溶解氧、营养物浓度以及重金属等。除了水质调查，还会调查上述指标潜在的来源，包括农业、生活和工业点源污染以及来自更广的流域的面源污染等，目的是为了确定管理行为。

水质状况指标除采用 GB 3838—2002《地表水环境质量标准》中的基本项目指标外，另增加痕量有机物指标，包括甲苯等指标。根据《方法（1.0 版）》中的分类，将上述指标分为溶解氧状况（DO）、耗氧有机污染状况（OCP）、重金属污染状况（HMP）和苯类有机物状况（BCP）4 类。

2. 赋分方法

为了体现河流评估服务于管理的原则，对某一水功能区评估时，以该水功能区水质目标作为赋分依据。若监测结果优于水质目标标准限值，则赋分 100；若低于 V 类标准值，则赋分 0；在此区间采用插值法赋分。其中耗氧有机污染状况（高锰酸盐指数、五日生化需氧量、化学需氧量和氨氮）取平均值作为耗氧有机污染状况赋分，其余 3 类选取单因子指数评价结果最差的断面作为评估代表指标。

由于 GB 3838—2002《地表水环境质量标准》中未制定苯类有机物等级限值，因此只采用其标准值进行评估，若达标，则评定为健康，反之则为不健康，具体见表 3 - 10。

表 3 - 10 苯类有机物指标评估准则

分 级	监 测 结 果	赋 分
1	达标	100
2	不达标	30

3. 水质状况赋分方法

4 类水质状况指标之间的评估采用最差值法，即取各类指标赋分值的最差值作为该水功能区水质状况的评估分值。

3.2.4 水生生物

1. 指标说明

桂江水生生物指标采用附生硅藻、底栖动物和鱼类损失指标进行评估。其中附生硅藻指数以特定污染敏感指数（IPS）、硅藻生物指数（IBD）指标表达，底栖动物以底栖动物指数（biotic index，BI）和底栖动物完整性指数（B - IBI）表达，鱼类生物损失指标（FOE）标准建立采用历史背景调查方法确定。

2. 计算方法

（1）水生生物指数采用法国的硅藻监测技术及评价标准。法国硅藻分析主要使用 2 个指数：特定污染敏感指数（IPS）和硅藻生物指数（IBD），均是法国淡水水质监测的标准方法。这 2 个生物指数主要用来：①评价一个水域的生物质量状况；②监测一个水域生物质量的时间变化；③监测河流生物质量的空间变化；④评价某次污染对水环境系统带来的影响。

这 2 个指数的计算依据是样本中每个硅藻种类的丰富度，它们之间的不同之处主要是计算指数的数据库包括的硅藻种类不同：IPS 指数包括了所有硅藻种群（包括热带种群）；IBD 指数包括 209 种在法国淡水中生活的指示型物种。

硅藻指数与水环境的物理化学特性相关性很好，最近更新的 IPS 指数对极值更为敏感，已被法国标准协会推荐作为法国淡水水质监测的标准方法。

IPS 指数使用了样本中发现的所有分类物种信息，每个物种有对应的敏感级别（I）和指数值（V）的排序评分，其公式与 Zelinka & Marvan（1961）的类似。计算公式如下：

$$IPS = \frac{\sum_{j=1}^{n} A_j I_j V_j}{\sum_{j=1}^{n} A_j V_j} \qquad (3-12)$$

式中　A_j——j 物种的相对丰富度；

　　　I_j——数值为 1～5 的敏感度系数；

　　　V_j——数值为 1～3 的指示值。

IBD 指数应用了预先定义好的生态状态，描述了 500 种硅藻在 7 种不同水质类别情况下的出现概率，这 7 种水质类别是在 1331 个样本和 17 个目前使用的化学参数的基础上定义的。IBD 指数是每个调查中最具代表性物种（依据丰度下限选择）的分布重心。计算公式如下：

$$F(i) = \frac{\sum_{X=1}^{n} A_X P_{\text{class}(i)} V_X}{\sum_{X=1}^{n} A_X V_X} \qquad (3-13)$$

式中　$F(i)$——i 级水质情况下的加权平均出现概率；

　　　A_X——X 物种丰富度，‰；

　　$P_{\text{class}(i)}$——i 级水质情况下 X 物种的出现概率；

　　　V_X——指数值（0.34～1.66）；

　　　n——使用到的物种总数（丰富度大于等于 7.5‰）。

$$B = F(1) + F(2) \times 2 + F(3) \times 3 + F(4) \times 4 + F(5) \times 5 + F(6) \times 6 + F(7) \times 7$$

$$(3-14)$$

式中　B——分布重心，相当于 7 分制的 IBD，对应成 20 分制的 IBD，见表 3-11。

表 3-11　　　　　　　　　　　IBD 值 计 算 方 法

B 值	IBD/20	B 值	IBD/20
$0 < B \leqslant 2$	1	$6 < B \leqslant 7$	20
$2 < B \leqslant 6$	$(4.75 \times B) - 8.5$		

计算出的硅藻指数值可进行生态质量评价。由于 IPS 指数对于极值更为敏感，此处以 IPS 指数为标准进行评价，具体见表 3-12。

表 3-12　　　　　　　　　　　IPS 指 数 赋 分 方 法

指数值	赋　分	指数值	赋　分
IPS≥17	100	9>IPS≥5	25≤IPSr<50
17>IPS≥13	75≤IPSr<100	IPS<5	<25
13>IPS≥9	50≤IPSr<75		

（2）底栖动物。

1）指标说明。

生态完整性体现在各生物群落和种群的完整性中，如鱼类、底栖动物、藻类和浮游动物完整性等。底栖动物目前已被广泛应用于生态监测评估中，通过构建底栖动物完整性指数（B-IBI）可以对河湖的水生态现状进行较为全面和科学的评估。

2）计算说明。

构建底栖动物完整性指数（B-IBI）的备选参数很多，需要根据具体情况选择。选择原则是备选参数一定能够充分反映底栖动物群落组成、物种多样性和丰富性、耐污度（抗逆力）和营养结构组成及生境质量信息。

通过对候选生物参数的计算和分析，确定以 EPT 分类单元数、扁蜉占蜉蝣总数的百分比、前 5 位优势单元数量所占比例以及黏附者数量所占比例作为 B-IBI 生物参数指标。

3）评估标准。

根据王备新等在 2010 年对漓江建立的 B-IBI 指数的计算方法和健康分级等级，B-IBI≥6 为健康；B-IBI<6 为不健康。

（3）鱼类损失指数（FOE）。

1）指标说明。

采用生物指标评估的生物物种损失方法确定。鱼类生物损失指数指评估区内鱼类种数现状与历史参考系鱼类种数的差异状况，调查鱼类种类不包括外来物种。该指标反映流域开发后，河流生态系统中顶级物种受损失状况。

2）计算方法。

鱼类生物损失指标标准采用历史背景调查方法建立。基于历史调查数据分析统计评估河流的鱼类种类数，开展专家咨询调查，确定本评估河流所在水生态分区的鱼类历史背景状况，建立鱼类指标调查评估预期。

鱼类生物损失指标计算公式如下：

$$FOE = FO/FE \qquad (3-15)$$

式中　FOE——鱼类生物损失指数；

　　　FO——评估区调查获得的鱼类种类数量；

　　　FE——1980 年以前评估区的鱼类种类数量。

鱼类生物损失指标赋分标准见表 3-13。

表 3-13　　　　　　　　　　鱼类生物损失指标赋分标准表

FOE	1	0.85	0.75	0.6	0.5	0.25	0
FOEr	100	80	60	40	30	10	0

3. 水生生物赋分方法

桂江水生生物评估赋分方法计算公式为

$$ALr = ZBr \times ZBw + EDr \times EDw + FOEr \times FOEw \qquad (3-16)$$

式中　　　　　　　　ALr——水生生物评估赋分；

ZBw、EDw 和 FOEw——底栖动物、附生硅藻和鱼类损失指数权重，分别为 0.3、0.4、0.3。

3.2.5 指标体系综合评估

桂江流域指标体系综合评估分值按下式计算，分为 3 种情况：

（1）4 大指标均评估。

$$REIir = RMr \times RMw + HRr \times HRw + WQr \times WQw + ALr \times ALw \qquad (3-17)$$

式中　　　　　　　　$REIir$——桂江流域综合评估分值；

RMw、HRw、WQw、ALw——河湖形态、水文情势、水质状况与水生生物指标的权重，分别为 0.2、0.2、0.3 和 0.3。

（2）仅评估河湖形态、水质状况与水生生物指标。

$$REIir = RMr \times RMw + WQr \times WQw + ALr \times ALw \qquad (3-18)$$

式中　　　　　　　$REIir$——桂江流域综合评估分值；

RMw、WQw、ALw——河湖形态、水质状况与水生生物指标的权重，分别为 0.4、0.3、0.3。

（3）仅评估河湖形态与水质状况指标。

$$REIir = RMr \times RMw + WQr \times WQw \qquad (3-19)$$

式中　　$REIir$——桂江流域综合评估分值；

RMw、WQw——河湖形态与水质状况指标的权重，分别为 0.7 和 0.3。

3.2.6 公众满意度评估

通过收集分析公众调查表，统计有效调查表调查成果，根据公众类型和公众总体评估赋分，按照下式计算公众满意度指标赋分：

$$PPr = \frac{\sum_{n=1}^{NPS} PERr \times PERw}{\sum_{n=1}^{NPS} PERw} \qquad (3-20)$$

式中　PPr——公众满意度指标赋分；

　$PERr$——有效调查公众总体评估赋分；

　$PERw$——公众类型权重。

公众调查总体评估结论赋分，公众类型赋分统计权重见表 3-14。

表 3-14　　　　　　　　　　公众类型赋分统计权重

调 查 公 众 类 型		权重
沿库居民（河岸以外 1km 以内范围）		3.0
非沿库居民	水库管理者	2.0
	水库周边从事生产活动	1.5
	经常来旅游	1.0
	偶尔来旅游	0.5

3.2.7　总体评估

总体评估分值按下式计算：

$$RHI_r = REI_r \times REI_w + SS_r \times SS_w \qquad (3-21)$$

式中　REI_w——桂江流域指标体系分值权重，取 0.7；

　　　SS_w——公众满意度评估分值权重，取 0.3。

4

河流健康评估调查监测技术方案

4.1 河流形态调查

4.1.1 河岸带状况

河流形态调查采用《方法（1.0版）》中的方法，结合实际情况，设计河流形态调查表，见表4-1。具体说明如下：

（1）灰底色单元格为不可修改部分，填写表格时仅针对白底色单元格填写。

（2）"评估水体"一栏根据所调查的试点水体，选择"桂江"。

（3）"水功能区"一栏根据附表1中一级水功能区名称填写。

（4）"调查时间"为"年-月-日"型，如2013-07-05。

（5）"填表人"填写个人姓名。

（6）考虑到具体调查点位现场河流左右岸情况可能差别较大，故实际调查中按左右岸分别调查填写。

（7）调查范围横向为河岸线向陆域一侧30m以内，纵向为调查点上下游视野范围。

（8）定性化调查指标（如河岸基质）直接填写所属类别，赋予相应分值；定量化指标（如植被覆盖度）则根据实际调查结果，通过差值计算相应分数。

（9）为尽量减少调查人员主观判断因素造成的误差，每个调查点位表均应至少由两人填写，若两人定性化指标调查选项相同，或定量化指标调查结果相对误差小于10%，则属有效调查，其估算结果取定性化指标的相同选项或定量化指标调查结果的平均值；否则视为无效调查，应予以重新调查，邀请第三人共同判定。

4.1.2 河流连通性

河流连通性主要调查评估河流因为闸坝阻隔等原因对鱼类等生物物种迁徙及水流与营养物质传递阻隔的影响。因此该指标调查以遥感分析为主，分析各个评估河段闸坝数量与分布情况；同时结合现场查勘与资料搜集，了解其鱼道设置及其运行情况。

4.1.3 防洪安全

防洪安全通过搜集评估河段规划有防洪要求的河堤，分析其现状防洪标准与规划防洪标准之间的差异。

表 4-1　　　　　　　　　　　　　　　　　珠江重要河流健康试点评估河岸带调查表

评估水体 √桂江□百色水库□抚仙湖		水功能区				填表人				调查时间							
二级指标	岸坡特征	稳定(90)	基本稳定(75)	次不稳定(25)	不稳定(0)	调查点1		调查点2		调查点3		调查点4	
						经度(E)	纬度(N)	经度(E)	纬度(N)	经度(E)	纬度(N)	经度(E)	纬度(N)
						左岸	右岸	左岸	右岸	左岸	右岸	左岸	右岸
河岸稳定性(BKS)	斜坡顺角(°)(<)	15	30	45	60								
	植被覆盖度/%(>)	75	50	25	0								
	岸坡高度/m(<)	1	2	3	5								
	河岸基质(类别)	基岩	岩土河岸	黏土河岸	非黏土河岸								
	坡脚冲刷强度	无冲刷迹象	轻度冲刷	中度冲刷	重度冲刷								
河岸带植被覆盖度(RVS)	植被特征	植被稀疏	中度覆盖	重度覆盖	极度覆盖								
	乔木(TCr)/%	0~10	10~40	40~75	>75								
	灌木(SCr)/%	0~10	10~40	40~75	>75								
	草本(HCr)/%	0~10	10~40	40~75	>75								
	赋分												
河岸带人工干扰程度(RD)	人类活动类型												
	河岸硬性砌护		−5										
	采砂		−40										
	沿岸建筑物(房屋)		−10										
	公路(或铁路)		−10										
	垃圾填埋场或垃圾堆放		−60										
	河滨公园		−5										
	管道		−5										
	农业耕种		−15										
	畜牧养殖		−10										

备注：

4.2 水文情势

根据桂江流域水功能区划分结果，选用代表评估区现有的水文站点，收集其建站以来到 2012 年逐月流量和逐日流量资料，进行水文情势评估，具体选用站点见表 4-2。

表 4-2　　　　　　　　　　　桂江水文情势评估选用站点表

序号	站点	类型	所在河流	代表评估水功能区	资料情况	
					资料年限	资料类型
1	桂林（三）	水文站	漓江	漓江桂林饮用水源区	1958—2012 年	月均流量、日均流量
2	阳朔	水文站	漓江	漓江阳朔饮用、工业、景观用水区	1956—2012 年	月均流量、日均流量
3	平乐（三）	水文站	桂江	桂江平乐工业、农业、渔业用水区	1956—2012 年	月均流量、日均流量
4	马江/京南	水文站	桂江	桂江昭平、苍梧保留区	1956—2012 年	月均流量、日均流量
5	恭城	水文站	恭城河	恭城河恭城工业、景观用水区	1956—2012 年	月均流量、日均流量
6	荔浦	水文站	荔浦河	荔浦河荔浦工业、农业用水区	1957—2012 年	月均流量、日均流量

4.3 水质状况

4.3.1 监测点位

水质状况监测点位以现有常规水质监测点为主，同时结合水功能区划分情况，补充布设监测点位。

桂江水质监测点位及水质评价指标见表 4-3。其中桂江在 4 个已有常规水质监测点位的基础上，另增加 27 个监测点位。

表 4-3　　　　　　　　　　桂江水质监测点位及水质评价指标

序号	水功能一级区	水功能二级区	长度/km	水质监测点位	水质评价指标
1	桂江兴安源头水保护区	—	18	乌龟江	DO、OCP、HMP
2	桂江（漓江）兴安保留区	—	16	六洞河	DO、OCP、HMP
3	漓江桂林开发利用区	漓江兴安、灵川农业、饮用用水区	59	大面	DO、OCP、HMP、DWS
		漓江桂林饮用水源区	21	虞山、桂林水文站	DO、OCP、HMP、DWS
		漓江桂林排污控制区	5	渡头村	DO、OCP、HMP
		漓江雁山景观娱乐用水区	26	冠岩	DO、OCP、HMP
		漓江雁山、阳朔渔业用水区	2.5	浪州村	DO、OCP、HMP
		漓江阳朔景观娱乐用水区	33.5	兴坪	DO、OCP、HMP
		漓江阳朔饮用、工业、景观用水区	19	阳朔水文站	DO、OCP、HMP、DWS
		桂江阳朔农业用水区	18	留公村	DO、OCP、HMP
		桂江平乐饮用水源区	9	马家庄	DO、OCP、HMP、DWS
		桂江平乐工业、农业、渔业用水区	10	平乐	DO、OCP、HMP

序号	水功能一级区	水功能二级区	长度/km	水质监测点位	水质评价指标
4	桂江平乐、昭平保留区	—	37	广运林场	DO、OCP、HMP
5	桂江昭平开发利用区	桂江昭平饮用水源区	16	平峡口	DO、OCP、HMP、DWS
		桂江昭平工业、农业、渔业用水区	27.7	昭平水电站	DO、OCP、HMP
6	桂江昭平、苍梧保留区	—	88.5	古袍	DO、OCP、HMP
7	桂江梧州开发利用区	桂江梧州饮用、工业用水区	22.1	思良江	DO、OCP、HMP
		桂江梧州景观娱乐用水区	1.9	桂江一桥（梧州）	DO、OCP、HMP
8	荔浦河源头水保护区	—	38	念村	DO、OCP、HMP
9	荔浦河荔浦开发利用区	荔浦河荔浦饮用农业水源区	33	五指山桥	DO、OCP、HMP、DWS
		荔浦河荔浦工业、农业用水区	31	滩头村	DO、OCP、HMP
		荔浦河荔浦—平乐过渡区	23	江口村	DO、OCP、HMP
10	恭城河源头水保护区	—	21	夏层铺	DO、OCP、HMP
11	恭城河上游桂湘缓冲区	—	20	棠下村	DO、OCP、HMP
12	恭城河江永保留区	—	16	上洞村	DO、OCP、HMP
13	恭城河湘桂缓冲区	—	20	龙虎	DO、OCP、HMP
14	恭城河恭城保留区	—	10	竹风村	DO、OCP、HMP
15	恭城河恭城、平乐开发利用区	恭城河恭城嘉会农业用水区	8.4	嘉会乡	DO、OCP、HMP
		恭城河恭城县城饮用水源区	14.6	黄家圳	DO、OCP、HMP、DWS
		恭城河恭城工业、景观用水区	10	恭城水文站	DO、OCP、HMP
		恭城河恭城、平乐农业、饮用水源区	48	茶江大桥	DO、OCP、HMP、DWS

注：DO—溶解氧。

　　OCP—好氧有机污染物（高锰酸盐指数、化学需氧量、氨氮）。

　　HMP—重金属污染状况（砷、汞、铬、镉、铅）。

　　DWS—饮用水源特性污染物（甲苯、乙苯、二甲苯）。

4.3.2　监测指标

　　桂江 31 个监测点位中监测指标包括溶解氧、高锰酸盐指数、化学需氧量、五日生化需氧量、氨氮、砷、汞、镉、铬、铅 10 个指标。具有饮用水源区功能的水功能区增加有机物指标，即甲苯、乙苯、二甲苯，具体见表 4-3 监测。

4.3.3　监测时间

　　已有常规水质监测点位的监测时间为 2013 年 1—10 月，每月一次；新增水质、有机物监测时间为 2013 年 4 月（丰水期）及 2013 年 10 月（枯水期）。

4.3.4　监测单位

　　已有的 4 个常规水质监测点位的监测数据由珠江流域水环境监测中心提供，其余新增的 27 个水质监测点位和新增的 8 个有机物监测点位均委托深圳市谱尼测试科技有限公司开展监测。

4.4 水生生物监测

4.4.1 监测点位

桂江流域布设 20 个水生生物监测点位，具体监测点位及生物评价指标见表 4-4。

表 4-4　　　　　　　　　桂江水生生物监测点位及生物评价指标

序号	水功能一级区	水功能二级区	长度/km	生物监测断面	生物评价指标
1	桂江兴安源头水保护区	—	18	乌龟江	ED、ZB
2	桂江（漓江）兴安保留区	—	16	六洞河	ED、ZB
3	漓江桂林开发利用区	漓江兴安、灵川农业、饮用用水区	59	大榕江	ED、ZB
		漓江桂林饮用水源区	21	桂林水文站	ED、ZB
		漓江桂林排污控制区	5	—	ED、ZB
		漓江雁山景观娱乐用水区	26	冠岩	ED、ZB
		漓江雁山、阳朔渔业用水区	2.5	—	ED、ZB
		漓江阳朔景观娱乐用水区	33.5	兴坪	ED、ZB
		漓江阳朔饮用、工业、景观用水区	19	阳朔水文站	ED、ZB
		桂江阳朔农业用水区	18	留公村	ED、ZB
		桂江平乐饮用水源区	9	—	ED、ZB
		桂江平乐工业、农业、渔业用水区	10	平乐	ED、ZB
4	桂江平乐、昭平保留区	—	37	广运林场	ED、ZB
5	桂江昭平开发利用区	桂江昭平饮用水源区	16	—	ED、ZB
		桂江昭平工业、农业、渔业用水区	27.7	昭平水电站	ED、ZB
6	桂江昭平、苍梧保留区	—	88.5	古袍	ED、ZB
7	桂江梧州开发利用区	桂江梧州饮用、工业用水区	22.1	—	ED、ZB
		桂江梧州景观娱乐用水区	1.9	桂江一桥（梧州）	ED、ZB
8	荔浦河源头水保护区	—	38	念村	ED、ZB
9	荔浦河荔浦开发利用区	荔浦河荔浦饮用农业水源区	33	—	ED、ZB
		荔浦河荔浦工业、农业用水区	31	滩头村	ED、ZB
		荔浦河荔浦—平乐过渡区	23	江口村	ED、ZB
10	恭城河源头水保护区	—	21		ED、ZB

序号	水功能一级区	水功能二级区	长度/km	生物监测断面	生物评价指标
11	恭城河上游桂湘缓冲区	—	20	—	
12	恭城河江永保留区	—	16	—	
13	恭城河湘桂缓冲区	—	20	龙虎	ED、ZB
14	恭城河恭城保留区	—	10		ED、ZB
15	恭城河恭城、平乐开发利用区	恭城河恭城嘉会农业用水区	8.4	嘉会乡	ED、ZB
		恭城河恭城县城饮用水源区	14.6		ED、ZB
		恭城河恭城工业、景观用水区	10	恭城水文站	ED、ZB
		恭城河恭城、平乐农业、饮用水源区	48	茶江大桥	ED、ZB

注：ED—附生硅藻。
　　ZB—底栖动物。

4.4.2　采样与监测方法

4.4.2.1　硅藻

硅藻广泛存在于江河、湖泊、溪流等各种水体，对水体温度、酸碱度、营养物、有机污染物、重金属等非常敏感，被认为是河流水质以及生态质量评价中非常适合的指示生物。欧盟、美国、澳大利亚、南非、巴西等国家和地区从 20 世纪 70 年代开始至今，相继发展了 10 余种河流硅藻水质评价指数，并得到广泛采纳与应用。例如，美国环境保护署（EPA）1999 年发布的《河流和浅层河流适用的快速生物评价议定书》、欧盟的《水框架指令》和《2000 年欧洲议会指令》都建立起从硅藻样品采集、预处理到指数计算与评价的一套标准方法。目前，常用指数包括硅藻生物指数（IBD）、硅藻营养化指数（TDI）、斯雷德切克指数（SLA）、特定污染敏感指数（IPS）、硅藻属指数（IDG）、戴斯指数（DESCY）和欧盟硅藻指数（CEE）等。

1. 采样方法

硅藻采集方法根据法国 AFNOR（2000）T90-354 和欧洲 NFEN 13946 硅藻常规采样和预处理指导标准。硅藻采样基质为能抵抗水流、地势开阔处无树阴遮挡的大石，牙刷刷取，每个采集点至少采集 5 块石头，混合样加 15‰甲醛固定。采样点应避开排污口，所选石块以位于水面以下 20cm 处为佳，太深处的石块由于光线太弱不适合硅藻生长。采样时间以枯水期为佳，丰水期水位变化幅度较大且水体中含有大量泥沙，制作的玻片标本中含有大量泥沙杂质影响观察。

2. 样品检测方法

取 2mL 硅藻样品加入 20mL 过氧化氢，水浴加热 16h 去除硅藻有机质，之后静置沉降 12h 移除上清液，加入 10mL 10%盐酸，待试管中气泡消失，静置沉降，移除上清液，反复用蒸馏水清洗沉淀物 3 次，消化后的硅藻仅剩硅质外壳。取适宜浓度的消化后的硅藻样品置于盖玻片上，自然风干后使用 Naphrax 封片胶制成可永久保存的玻片标本，在显微镜下放大 1000 倍鉴定，视野内所有的硅藻样品及破损面积不超过 1/4 的都要鉴定和计数，至少计数 400 个硅藻壳面，计数结果可以用不同种的相对丰度和比例来表示。将计数结果输入硅藻分析软件计算各项硅藻指数，用于评价水质等级。

4.4.2.2　底栖动物

在全球范围内，大型无脊椎动物是检测河流健康最常用的生物指标之一。欧洲现行的生物评估方法有 100 多种，其中 2/3 是基于大型无脊椎动物。大型无脊椎动物之所以受欢迎，是因为它们存在于大多数栖息地，它们的活动范围一般有限，容易收集，指数计算相对简单，对干扰后的水质和栖息地变化的改变非常敏感。此外，还可以使用大型无脊椎动物对干扰梯度做出可预测，并对现有河流健康状况做出解释。

在静水-缓流区和急流区各用索伯网采 5 个样。采样时，用脚或小铁扒有力地搅动索伯网前定量框内的底质，并用手将黏附在石块上的底栖动物洗刷入网。急流的 5 个样和静水-缓流区的 5 个样各自合在一起，单独存放。半定量样本包括踢网样和 D 形抄网样。踢网样只在急流中采 1 个，0.5m² 左右，采样时用脚、小铁扒搅动网前约 0.5m² 范围内的底质，同样用手刷下黏附在石块上的底栖动物。在静水-缓流区和堤岸边用 D 形抄网采集，采集长度为 20m，范围约 6m²。踢网样和抄网样分别存放。标本经大致清洗后用 5%～10% 福尔马林溶液固定带回实验室。标本鉴定至属或种，少数为目或科。记录各分类单元个体数。

4.4.2.3　鱼类调查

鱼类具有巨大的社会和经济价值，迁移空间大，寿命比较长，适用于评估大型栖息地和区域差异，综合反映了河流健康状况。相对于无脊椎动物和硅藻，鱼类取样较为困难。但是，鱼类容易鉴别。用于河流健康评估的鱼类指标很多，例如引进物种或迁徙物种的比例，对污染敏感类群的相对数量变化等。有些指标取决于预期的"参考"值，除非已有历史数据否则这些值可能很难制定。与其他类群相比，鱼类的生长过程可以使用长度和重量进行预测。从概念上来讲，在长度一定的情况下，一条比较健康的鱼会比在条件差的河流里的鱼要相对重一些（图 4-1）。

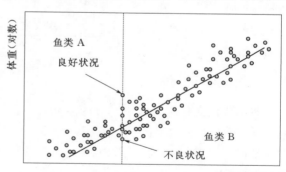

图 4-1　特定物种体长与体重之间的假设关系

除了体重的变化，健康状况不佳的鱼往往更容易受寄生虫和疾病的感染。因此身体组织的损伤和寄生虫的存在是容易测量可能较差健康状况的另一个指标示例。在个体样品组织中可以测试重金属的存在，既测量了生物体暴露在环境压力下的状况，也显示了以鱼为蛋白质来源的人类健康风险。

鱼类调查以搜集资料结合现场调查为主。其中鱼类现状调查采用 2012 年的数据，历史资料通过文献资料获得，其中 1974—1976 年数据引用自广西水产研究所《广西淡水鱼类志》；1980—1982 年数据引用自 1982 年广西水产研究所《漓江受污染对渔业资源的影响》及《广西壮族自治区内陆水域渔业自然资源调查研究》等报告；2005—2008 年数据引用自广西水产研究所《漓江水生态系统自然资源调查研究与保护研究》。

4.5 河流形态结构（河岸和河道状况）

4.5.1 监测点位

许多现代河流健康评估计划中都纳入了河流形态结构，例如《欧盟水框架指令》和《澳大利亚河流和湿地健康框架》。"河流形态结构"一词包括河道和漫滩的形态及其成形的地理过程，包括沉积物间的相互作用、水流及其形态，或沉积物相互作用、水流和营养物（生长及死亡的植被）等。纳入形态结构的因素可以划分为化学过程（水质）、辐射（来自太阳的能量）和水文过程（河流流态）等，河流形态结构是河流生态过程的模板。

河流地形结构的信息，可以帮助我们进行生物评估调查（例如：鱼、硅藻和无脊椎动物）数据的解读。例如，泥床河流与卵石河床河流相比，无脊椎动物种群会有所不同。但是在河流健康评估中使用形态结构会面临较多的挑战，这是因为河流形态结构和生态系统健康之间的关系复杂，形态结构对同类干扰可能以多种方式做出反应，形态结构和过程在时间和空间方面很多变，形态结构在源头、中游和下游间有很大差异。

将形态结构作为河流健康组成部分进行评估，主要考虑以下因素：①形态结构与生物群栖息地有关；②形态结构的相对稳定性；③输沙过程；④形态结构和连接性；⑤形态结构的管理。

形态结构指标包括影响河床和河岸特征、河流纵向（上、下游）和横向（河道到漫滩，如果有的话）的连续性。

4.5.2 指数和子指标

形态结构以几种次级别胁迫指标为基础：自由流动干扰子指标（FFI）、流域沉积物风险子指标（CSR）、输沙干扰子指标（STI）、纵向连续性障碍子指标（LoCB）。FFI 最初在实地测得，其他指标利用地图、空中拍照和其他记录获得；CSR 子指标需要以 GIS（地理信息系统）作为空间数据的分析手段。

对河流形态结构进行评估时，取样区域的长度通常为平均河道宽度的 10 倍。最小取样区域长度为 150m，适用于河道平均宽度小于或等于 15m 的河流。取样区域最大长度为 1000m，适用于河道宽度等于或大于 100m 的河流。

形态结构刺激指数的 4 个子指标赋分标准见表 4-5。

CSR 子指标需要利用 GIS（地理信息系统）对空间数据进行分析。对于每个取样地点，描绘向那一点汇水的总的子流域（S-c）。在这些子流域，测量森林（Fo）、草地（Gr）、农田（Fa）、稻田（Pa）、城市（Ur）和水库（Re）土地覆盖的面积。Fa、Pa 和 Ur 的土地覆盖总面积占总的子流域面积的比例表示为：$P = (Fa + Pa + Ur)/S-c$。

除 FFI 之外的所有子指标都取最大值（S_{max}）3，FFI 可以取最大值 6（表 4-5）。通过

表 4－5　　　　　　　　　　形态结构刺激指数的 4 个子指标赋分标准

子　指　标	分数
自由流动干扰（FFI）：实地观察，必要时辅助使用地图/航摄像片和地方协助	
河流连结处*的地点，地点上游包括一个水力发电站［图 4－2（a）］	3
地点位于大坝或堰的回水区［图 4－2（b）］	3
地点位于河流的自由流动段	0
小计	以上小计得分
子指标分数	1－（小计/6）
输沙干扰（STI）：实地观察，必要时用地图/空中拍照和当地知识予以协助	
河流连结处*的地点（图 4－3）	
包括上游大型大坝，高度≥15m	3
包括上游中型大坝，10m≤高度<15m	2
包括上游小型大坝或堰，2m≤高度<10m	1
不包括	0
小计	以上小计得分
子指标分数	1－（小计/3）
纵向连续性障碍（LoCB）：$N=$跨整个河流宽度的未受损的河道内结构物数量（堰或大坝），位于地点和河口之间，缺少专用鱼道；从地图/空中拍照中测得（图 4－4）	
$N≥10$	3
$10>N≥5$	2.5
$5>N≥3$	2
$3>N≥2$	1.5
$N=1$	1
$N=0$	0
小计	以上小计得分
子指标分数	1－（小计/3）
流域沉积物风险（CSR）：$P=$农田、稻田和城市土地覆盖（总面积）上游流域面积比例，利用 GIS 测得	
$P>0.5$	3
$0.25<P≤0.5$	2
$0.1<P≤0.25$	1
<0.1	0
小计	以上小计得分
子指标分数	1－（小计/3）

* 在这种情况下，河道连结处是河流的连续河段，有等于或高于 Strahler 河流等级、或第三级或更高的支流进入。

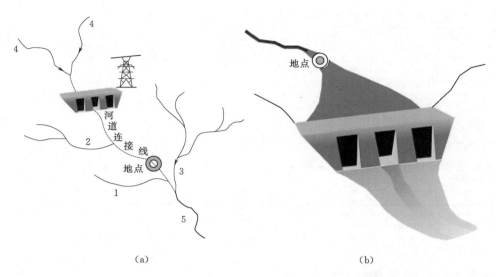

（a）　　　　　　　　　　　　　（b）

图 4-2　自由流量干扰（FFI）地点位置

注：图中编号表示河流等级

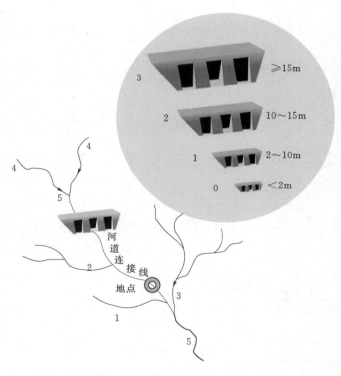

图 4-3　根据大坝高度为输沙干扰（STI）分配分数

注：图中编号表示河流等级

公式 $1-(S/S_{max})$，将子指标分数（S）标准化为从 0 到 1 的分数。然后可以将这些子指标分数分在河流健康 5 个类别中的某一类内。

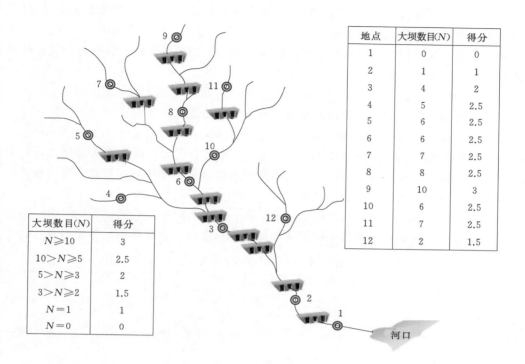

地点	大坝数目(N)	得分
1	0	0
2	1	1
3	4	2
4	5	2.5
5	6	2.5
6	6	2.5
7	7	2.5
8	8	2.5
9	10	3
10	6	2.5
11	7	2.5
12	2	1.5

大坝数目(N)	得分
$N \geqslant 10$	3
$10 > N \geqslant 5$	2.5
$5 > N \geqslant 3$	2
$3 > N \geqslant 2$	1.5
$N = 1$	1
$N = 0$	0

图 4-4　纵向连续性障碍（LoCB）分配分数

注：图中编号表示河流等级。有专用鱼道的大坝未计算在内。

形态结构刺激指数（PFS）以几种刺激子指标为基础：自由流动干扰子指标（FFI）、流域沉积物风险子指标（CSR）、输沙干扰子指标（STI）和纵向连续性障碍子指标（LoCB）。FFI 最初在实地测得（表 4-5），其他指标利用地图、空中拍照和其他记录从电脑上测得。实地测得的形态结构子指标只有在春季取样（即不包括在秋季实地取样中）。电脑测得的子指标每年利用取样年收集到的信息测 1 次。

对取样区域实地测得的子指标进行评估，通过首先估计平均河道宽度然后乘以 10 来估计区域长度。最小取样区域长度为 150m，适用于河道平均宽度小于或等于 15m 的河流。出于限制取样时间的实际原因设定的取样区域最大长度为 1000m，适用于河道宽度等于或大于 100m 的河流。

4.6　河岸和河道内植被

河岸植被是指河道、河岸区域（漫滩、湿地等）内的植物，无论草本植物、灌木还是乔木，所有的河岸植被都对河流生态系统结构和功能起着重要作用，对人类也具有极大的价值。

（1）栖息地：生长和死亡的植被为其他生物群提供了栖息地。例如，可以作为藻类和大型无脊椎动物的生长基质，可以为鱼类提供产卵、庇护场所。

（2）能量和营养物来源：河道内和河岸植被提供氧气、营养物和能量，有助于水生（陆生）食物网基础的形成。

（3）过滤：河岸植被提供了过滤沉积物和控制营养物的缓冲区，河道内植被就像一个污水处理厂，提高了河流水质。

（4）河道和河岸稳定性：河岸植被幼苗及根稳定着河道和河岸。

（5）分散通道：完整无损的河岸植被带为动物的移动提供了通道。

（6）河流温度的适度：植被可以通过蒸发和遮蔽来调节河水温度。

河岸植被正受到内部和外部诸多过程的威胁，包括水文条件改变、水体污染、牲畜踩踏、沉积物增加以及外来物种入侵等，以上因素会减少当地植物覆盖及其生物多样性，严重改变河岸植物群的结构和功能。

评估河段长度通常要求介于 500～1000m，要在这个范围内选取 3 段长约 50m 的部分进行测量和估计，以平均值作为取样点的单一值。河岸植被的宽度由测距仪测量，对纵向连续性进行 0～5 的赋分（0 为无植被，1 为隔离的或分散的，2 为间距有规律的，3 为偶有丛簇的，4 为半连续的，5 为连续的），对乔木、灌木和草本植物的覆盖丰度进行估计，记录每个部分的平均高度和最大高度，以及幼苗（小树）的数量，对优势种进行名称和总体的描述。

4.7　水文变异

4.7.1　监测点位和方法

水文是水生生态系统生态变化的一个主要因素，因此将其作为河流健康评估的一个关键部分。水文变异评估通常基于自然水流模式，强调水流变化在时间、频率、流量以及和生物群形态、行为以及生活史变化之间的关系。

国内许多评估水文变异的方法多来自 Tennant 方法，但这可能不太适用于我国的河流。本书中采用了 Gippel 等（2011）提出的两个新的指标：流量偏差指数（IFD）和流量健康指数（IFH）。对用于河流健康评估的大多数现有测度来说，IFD 包含对维持河流健康有益甚至有悖的各种参数。IFH 评估的是维持现有河流健康标准或有悖的各种参数是否发生在现有流态中，设计 IFH 是为了补充更详细的环境流量需求评估。在这里我们侧重于应用 IFD。

IFD 侧重强调超出合理范围的自然变化的偏差，经证明作为一个河流健康指数足够了。IFD 突出流量调节的影响，还突出流量自然地低于通常流量的年份，两者都是环境生态健康的重要决定因素。

4.7.2　试验选定指标的总结

将 2010 年 4 月收集到的数据总结在表 4-6 中，作为制定河流健康监测计划的一部分，检测这些联系有助于改进所报告的指标，并说明纳入这些指标的理由。

表 4 - 6　　　　　　　　　桂江试点项目可能生态健康指标及环境恶化的预期反应

分类	指标	单位	详　情	预期反应
土地利用	农业	%	上游流域土地利用类型比例	—
	城市化	%	—	—
	缓冲区农业	%	取样点上游 500m 缓冲区土地利用类型比例	—
	缓冲区城市化	%	—	—
河岸条件	河岸宽度	m	河岸植被带宽度	
	河岸连续性	—	每个取样点上游 1km 地带河岸植被连续性（1～5）	
水质	pH 值	—	pH 值	↑↓
	Chl - a	—	叶绿素浓度	↑
	DO	mg/L	—	↓
	Turbidity	NTU	浊度单位	↑
	$NO_2 - N$	mg/L	亚硝酸盐	↑
	$NH_4^+ - N$	mg/L	氨氮	↑
	NO_3	mg/L	硝酸盐浓度	↑
	TN	mg/L	总氮浓度	↑
	TP	mg/L	总磷浓度	↑
	Cu	mg/L	铜	↑
	Cd	mg/L	镉	↑
	Pb	mg/L	铅	↑
	Cr	mg/L	铬	↑
	Zn	mg/L	锌	↑
	As	mg/L	砷	↑
	Hg	mg/L	汞	↑
藻类	$\delta^{15}N$	—	$\delta^{15}N$ 丰度	↑
	丝状藻覆盖	%	取样区河床覆盖比例	↑
	IBD	—	—	↓
	IPS	—	—	↓
无脊椎	总丰度	—	大型无脊椎动物总丰度	↓
	毛翅目物种丰度	—	毛翅目物种数量	↓
	EPT	—	蜉蝣种群数量 襀翅目和毛翅目	↓
	HepEph 比率	%	Heptegonids 与蜉蝣的比率	↓
	生物指数	—	无脊椎动物种敏感度分数	↑
	优势比	—	五种最常见种群与其他所有种群的丰度比	↑
	优势比 2	—	最常见种群与其他所有种群的丰度比	↑
	百分比 Clingers	%	—	↓
	生物分类群丰度	—	无脊椎分类群数量	↓

续表

分类	指标	单位	详情	预期反应
无脊椎	昆虫丰度	—	昆虫分类群数量	↓
	主要丰度	—	最主要分类群的丰度	↑
	Shannon 指数	—	Shannon - Wiener 多样性指数	↑
	信号	—	敏感度分数	↓
鱼类	鱼类生物量	—	实地调查期间捕获的鱼类生物量	↓
	鱼类物种丰富度	—	每个取样地所捕获种群的数量	↓
	鱼类丰度	—	实地调查期间捕获的鱼的数量	↓
	鱼类残余物重量	—	基于合并的（对数）长-重回归的平均残余物量	↓
	鱼类污染耐受指标	—	将来制定	—
形态结构	自由流量干扰	—	由于上、下游大坝或堰对当地水文干扰的程度不同	↑
	输沙干扰	—	上游大坝和堰的存在及规模	↑
	纵向连续性障碍物	—	跨河宽的完好无损的河道内结构（堰或大坝）数量；位于取样点和河口之间；缺少专用鱼道	↑
	流域沉积物风险	—	流域农业和城市化比例均衡	↑
河岸植被	宽度	—	河岸植被平均宽度（隔离城市、农业或其他土地利用）	↓
	破碎度	—	河岸植被纵向破碎程度	↓
	河道内大型植物覆盖率	％	河道内大型植物覆盖百分比	↑
水文	流量偏差指数（IFD）	—	测量相对于模拟或调节前的月数据的与生态有关的流量测度年度偏差	↓

5

指标灵敏度分析

5.1 统计方法

指标灵敏度分析分两个步骤进行：第一步研究流域干扰与水质参数的相关性，第二步研究水质、土地利用以及生物指标间的关系。将指标灵敏度分析分为两个步骤是因为作用于水生生态系统的压力如土地利用变化、水文变异和河岸条件往往影响水质参数，水质参数（如营养物浓度、溶解氧）因素反过来又会影响生物群（如鱼、无脊椎动物和藻类）。因此，水质参数既可以作为干扰梯度又可以作为河流健康指标。在桂江试点项目中，水质参数作为次级干扰梯度与初级土地利用梯度共同用于检测生物指标有效性。形态结构指标没有被包括在指标灵敏度分析内，是因为这些指标能够直接衡量动因或压力。

有很多分析方法可用于检测河流健康指标趋势，通常数据的多少和所检测指标的数量决定了哪些是最适当的分析方法。在目前情况下，我们只采用了一种基于每个干扰措施和各种河流健康指数间的简要双向（pearson）关联的简单方法。通过检查散点图支持关联测试，以识别异常值并确定何处需要转换。这也有助于确定变量之间可能的非线性关系，而在简单的线性关联中不会选择这些变量。

为了减少所检查的独立预测变量的数目，利用主成分分析中的轴分数作为总结次级干扰水质指标的方法。具体来说，以这种方式处理 6 种重金属，每个点将其减少到只有两个 PCA 轴分数 PC1 和 PC2。当重金属浓度均较低时，第一轴 PC1 与镉、锌的浓度密切相关，第二轴 PC2 与铜、铅和铬的浓度密切相关（表 5-1）。生物指标与 PCA 轴的关联因而也可以显示与各个金属组的关联。

表 5-1　　　　　　　　两个 PCA 轴与每种金属浓度之间的因子负荷

金属	PC1	PC2	金属	PC1	PC2
Cu	0.27	−0.63	Cr	−0.06	−0.32
Cd	−0.67	−0.03	Zn	−0.67	−0.08
Pb	−0.09	−0.70	As	0.16	0.07

注：轴 1 和轴 2 解释了 60% 的方差变化。

5.2 土地利用干扰梯度概述

森林和草地（天然植被覆盖）为上游取样点主要的土地利用类型，总盖度为 45%～70%（表 5-2）。取样点森林覆盖度为 9%～97%。农业土地利用占总土地资源的 0～33%，但在河岸缓冲区接近 70% 为农业用地。城市总体土地利用所占比例还很小（0～3%），但在缓冲区的覆盖率要大得多（0～69%）。在桂江流域的 3 个分区中，第 2 级（中游）和第 3 级（下游）中干扰梯度较高。

表 5-2 取样点土地利用情况 %

分级	统计数据	样本数	森林 (.5k)	农业 (.5k)	城市 (.5k)	森林	农业	城市	河岸宽度 /m	河岸长度 /km
1	中间值	8	49	0	0	77	2	0	8	3
1	最小值	8	0	0	0	9	0	0	2	1
1	最大值	8	74	13	12	97	33	1	30	4
2	中间值	6	6	21	0	51	6	0	11	4
2	最小值	6	0	3	0	33	0	0	2	1
2	最大值	6	20	71	43	80	30	1	97	5
3	中间值	9	13	4	0	45	14	1	17	3
3	最小值	9	0	0	0	39	1	0	0	2
3	最大值	9	58	44	100	96	22	3	41	5

注：1. 5k 表示在缓冲区上游 5km 和采样点两边各 500m 处的土地利用。

2. 数字分别代表整个上游或河岸缓冲区所占比例。

总体而言，桂江流域的绝大部分区域被天然植被覆盖（森林和草地），在靠近河流的地区，土地覆盖变化性较大。这反映了人类（和农业）对水的依赖，以及中心人口越来越靠近河流的趋势。

5.3 对干扰梯度指标的反应

5.3.1 水质

5.3.1.1 水质调查结果

水质被分成理化性质、营养物和重金属，桂江流域水质总体良好，所有参数没有特殊的关注点（表 5-3）。在对照干扰指标进行检查时，发现一些明显的趋势，最明显的趋势是农业地区的 pH 值、电导率、$NH_4^+ - N$、$NO_3 - N$、TN 的增加和氧气浓度的降低，这些趋势与整个流域或者缓冲区城市化有关（表 5-4）。

5.3.1.2 水质指标选用建议

水质是河流健康评估的基础，可以对干扰做出预测。例如，城市化和营养物之间，以及电导率增加和上游农业之间的紧密关联。氮是对城市化梯度做出反应的主要营养物，城

表 5 - 3   25 个取样点的水质特征汇总表

指标	物理化学指标			营 养 物/(mg/L)				
指标	pH 值	导电率	DO /(mg/L)	$NO_2 - N$	$NH_4^+ - N$	$NO_3 - N$	TN	TP
中间值	7.87	155	8.255	0.0175	0.115	1.155	1.31	0.04
标准偏差	0.4	70.9	0.4	0.0	0.1	0.5	0.6	0.0
最小值	6.79	22	7.39	0.013	0.015	0.42	0.58	0.02
最大值	8.74	258	9.17	0.19	0.356	2.86	3.16	0.12

指标	重金属浓度/(μg/L)						
指标	Cu	Cd	Pb	Cr	Zn	As	Hg
中间值	82	17	0	1.5	0	32.5	49.5
标准偏差	21.6	13.5	0.4	8.0	1.1	29.2	28.7
最小值	30	3	0	0	0	0	0
最大值	97	47	1	23	3	71	94

表 5 - 4   水质指标和初级干扰指标之间的相关性

水质指标	物理化学指标				营养物					重金属 PCA 轴	
水质指标	pH 值	Cond	DO	NTU	$NO_2 - N$	$NH_4^+ - N$	$NO_3 - N$	TN	TP	PC1	PC2
农业	**0.69**	**0.6**	−0.04	−0.09	−0.19	0.16	0.37	0.36	−0.23	0.23	0.04
城市	−0.26	0.23	**−0.54**	0.37	0.04	**0.8**	**0.58**	**0.6**	0.31	0.22	0.03
农业（.5k）	0.07	0.36	0.17	0.06	0.36	−0.33	−0.22	−0.22	−0.2	0.18	0.07
城市（.5k）	−0.3	0.08	**−0.5**	0.33	−0.01	**0.73**	0.33	0.33	0.12	0.12	0.29
河岸宽度	−0.13	−0.22	−0.02	0.17	−0.07	0.02	0.02	−0.02	−0.23	0.17	0.04
河岸纵向长度	0.2	−0.05	−0.24	−0.42	−0.19	−0.01	0.25	0.22	−0.12	0.14	−0.09

注：黑体字代表显著相关。

市化与几种形式的氮（氨氮、硝态氮和总氮）浓度增加有关。由于河道内的自然变化，不同形式的氮之间还会发生转变。值得一提的是，在工业或采矿活动中，金属浓度的反应很可能不尽相同，作为独立的点污染源，这些干扰不那么容易被我们所用的干扰测量监测到。所以建议仍将其包括在报告中（表 5 - 5）。考虑到水质监测的广泛应用，建议将所有测得的参数纳入未来的监测计划中。

表 5 - 5   建议包括在健康评估中的水质指标

指标群	显示预期反应的指标	显示桂江有限变化的临时指标
水质	pH 值	混浊度
	导电率	重金属
	DO	TP
	$NH_4^+ - N$	
	$NO_3 - N$	FRP
	TN	

5.3.2 藻类

5.3.2.1 藻类调查结果

　　共检测了 5 种藻类指标，叶绿素 a 表示藻类的丰度，IBD 和 IPS 反映现存分类群的环境耐受力，$\delta^{15}N$ 显示促进藻类生长的可能氮源。大多数指标表明取样点之间的差别很大（表 5－6）。所有的指标都显示了对城市化和农业反应的趋势。$\delta^{15}N$ 值随着农业在流域中的比重而增加，而叶绿素 a 浓度显示了城市流域中藻类丰度较高。IBD 和 IPS 都与城市化有着极强的负相关性（表 5－7）。IPS 也与测得的氮浓度（$NH_4^+ - N$ 和 TP）负相关。溶解氧与叶绿素 a（和 IBD）之间的负相关性，可能反映的是溶解氧的协方差信息，或者是在一些城市化的取样点中藻类过度的呼吸作用。

表 5－6　　　　　　　　　　　25 个采样点的藻类指标概述

指标	叶绿素 a /(mg/L)	$\delta^{15}N$ /(mg/L)	IBD	IPS
中间值	1.6	5.8	16.9	17.1
标准偏差	1.1	2.3	2.0	2.8
最小值	0.5	3.1	12.1	12.3
最大值	4.9	12.8	19.4	19.9

表 5－7　　　　　　　　　藻类指标、土地利用及水质因子的相关性

指标	叶绿素 a	$\delta^{15}N$	IBD	IPS
农业	0.04	**0.54**	0.03	0
城市	**0.58**	0.16	**−0.58**	**−0.75**
农业（.5k）	−0.14	0.47	0.12	0.12
城市（.5k）	**0.64**	−0.09	−0.32	−0.44
河岸宽度	0.13	−0.24	−0.08	−0.03
RipaLongi	−0.02	0.14	−0.12	0.05
pH 值	−0.23	0.26	0.29	0.3
电导率	0.38	0.74	−0.32	−0.35
DO	**−0.58**	0.15	**0.51**	0.47
NTU	0.29	−0.15	−0.29	−0.36
$NO_2 - N$	0.27	−0.01	−0.31	−0.37
$NH_4^+ - N$	**0.52**	0.3	−0.47	**−0.52**
$NO_3 - N$	0.4	0.29	−0.36	−0.41
TN	0.42	0.35	−0.42	**−0.47**
TP	0.02	0.18	−0.22	−0.28
PC1	**0.56**	0.07	−0.1	−0.2
PC2	−0.3	−0.44	0.28	0.36

注：黑体字代表显著相关。

5.3.2.2　藻类指标选用建议

叶绿素浓度、IBD、IPS 明显与城市化相关，需要考虑将这些指标纳入未来监测计划中，需要谨慎考虑 IBD 与 IPS 之间的差异，还需要考虑在将这两个指标的打分系统用于我国河流系统中时是否需要进行修改（表 5-8）。$\delta^{15}N$ 也表现出对农业的清晰反应，即便在总体营养物浓度不是特别高时表现出可能的农业面源污染。

表 5-8　　　　　　　　　　可能包括在报告卡中的藻类指标摘要

指标群	显示出预期反应的指标	显示桂江有限变化的临时指标
藻类	叶绿素 a	—
	$\delta^{15}N$	
	IBD	
	IPS	

5.3.3　无脊椎动物

5.3.3.1　无脊椎动物调查结果

无脊椎动物指标显示出在 25 个调查地点有很大变化（表 5-9），所检测的 14 个指标中，12 个表明与城市化密切关系，农业和河岸缓冲区土地利用的关系显示出类似的模式（表 5-9）。与无脊椎动物有密切关系的正负干扰梯度有导电率、$NH_4^+ - N$、$NO_3 - N$、TN、TP、PC1 和 PC2（表 5-10）。

表 5-9　　　　　　　　　　25 个采样点的无脊椎动物的指标值概述

指标	总丰度	Trichop 物种	EPT	EPT 比率	HepEph 比率	Biot	Ratio five
中间值	153.5	0.0	4.5	0.3	4.5	5.4	90.3
标准偏差	90.9	1.3	4.2	0.2	29.5	1.8	12.7
最小值	9.0	0.0	0.0	0.0	0.0	2.6	60.5
最大值	310.0	6.0	16.0	0.6	98.5	8.9	100.0

指标	Clingers	总丰度	昆虫丰度	优势丰度	Shannon 指数	信号	加权信号
中间值	26.9	12.0	9.0	49.5	2.5	4.6	4.7
标准偏差	36.8	7.3	7.7	47.0	1.1	1.7	1.9
最小值	0.0	2.0	0.0	7.0	0.2	1.5	1.0
最大值	93.3	29.0	28.0	216.0	3.9	6.7	7.9

表 5-10　　　　　　　　　无脊椎动物指标与土地利用和水质因子的相关性

指标	总丰度	Trichop 物种	EPT	EPT 比率	HepEph 比率	Biot	Ratio five	Clingers	Taxarich	昆虫丰度	优势丰度	Shannon 指数	信号	加权信号
农业	0.09	−0.34	−0.25	−0.15	−0.13	0.32	0.11	−0.45	−0.05	−0.27	0.04	0.04	−0.21	−0.23
城市	**−0.53**	−0.31	**−0.61**	**−0.63**	**−0.5**	**0.64**	**0.5**	**−0.68**	**−0.58**	**−0.63**	−0.06	**−0.57**	**−0.66**	**−0.62**
农业 (.5k)	0.1	−0.21	0.02	0.22	0.21	0.11	−0.03	0.04	0.15	0.05	0.02	0.12	0.22	0.22

指标	总丰度	Trichop物种	EPT	EPT比率	HepEph比率	Biot	Ratio five	Clingers	Taxarich	昆虫丰度	优势丰度	Shannon指数	信号	加权信号
城市(.5k)	−0.29	−0.19	−0.39	−0.44	−0.33	**0.65**	0.29	−0.42	−0.32	−0.38	−0.03	−0.31	−0.45	−0.4
河岸宽度	0.05	−0.18	0.01	−0.04	0.14	−0.09	−0.22	0.03	0.14	0.14	−0.05	0.19	0.03	0.06
RipaLongi	0.41	0	0.24	−0.06	0.1	−0.15	−0.43	0.03	0.41	0.33	0.19	0.29	0.02	0.12
pH值	0.19	−0.14	−0.02	−0.03	−0.09	−0.01	−0.11	−0.18	0.1	−0.04	−0.02	0.18	−0.06	−0.16
电导率	−0.14	**−0.52**	**−0.58**	−0.43	**−0.6**	**0.52**	0.37	**−0.73**	−0.36	**−0.55**	0.25	−0.36	**−0.52**	**−0.6**
DO	0.11	0	0.03	0.09	0.26	−0.14	0.05	0.2	0	0.09	0.02	0.01	0.16	0.08
NTU	−0.24	−0.23	−0.07	0.09	−0.41	0.09	0.26	−0.19	−0.18	−0.18	−0.09	−0.17	−0.09	−0.09
NO₂-N	−0.34	−0.23	−0.07	0.33	−0.19	−0.02	0.26	0.15	−0.24	−0.19	−0.09	−0.29	0.27	0.25
NH₄⁺-N	−0.35	−0.22	**−0.58**	**−0.76**	−0.43	**0.77**	0.35	**−0.67**	−0.46	**−0.54**	0	−0.45	**−0.77**	**−0.7**
NO₃-N	−0.19	−0.15	−0.31	−0.4	**−0.47**	0.38	−0.03	**−0.69**	−0.11	−0.28	−0.02	−0.1	−0.45	**−0.51**
TN	−0.24	−0.17	−0.36		**−0.5**	0.43		**−0.72**	−0.18	−0.34	−0.01	−0.18	**−0.5**	**−0.55**
TP	−0.28	−0.12	−0.29		−0.29	**0.52**	0.34	−0.29	−0.38	−0.3	0.04	**−0.49**	−0.23	−0.23
PC1	−0.1	**−0.86**	**−0.53**	−0.38	**−0.62**	0.15	0.42	−0.37	−0.38	**−0.51**	0.27	−0.39	−0.41	−0.36
PC2	0.1	0.32	0.45	0.4	0.31	0.3	−0.45	0.16	0.46	0.44	**−0.51**	**0.54**	0.41	0.36

注：加粗字体代表显著相关。

5.3.3.2　无脊椎动物指标选用建议

　　某些计算的指标，如clingers百分比没有其他指标应用得那么广泛，可能对许多河流类型来说不合适。Shannon指数用于河流健康评估的概念基础很小，在生态学上也广受质疑。而敏感性指数是在差别较大的区域中制定的，在鉴定水平要求不高时更具普遍意义。进一步考虑阈值的设定，最终有效指标列于表5-11中。

表5-11　　　　　　　　　　　桂江流域河流健康评估建议的无脊椎动物指标

指标群	表现出预期反应的指标	显示桂江有限变化的临时指标
无脊椎动物	EPT分类群	Trichop物种
	EPT比率	HepEph比率
	生物指数	Clingers
	Ratio five	昆虫丰度
	信号	分类群丰度
	加权信号	主要丰度
		Shannon指数

5.3.4　鱼类

5.3.4.1　鱼类调查结果

　　所检测的鱼类指标包括渔获生物量、种类丰富度、渔获丰度和鱼类残毒。25个取样点中（表 5－12）渔获生物量、渔获丰度的变化较大，重要的关系较少（表 5－13），仅有电导率和渔获丰度、鱼类残毒和农业土地利用关系、浑浊度和电导率之间有一定的相关性。鱼体长度和重量关系紧密（图 5－1）。

表 5－12　　　　　　　　25 个采样点的鱼类指标特点总结

指标	渔获生物量/g	种类丰富度	渔获丰度/尾	鱼类残毒
中间值	253.4	6	48	−0.002
标准偏差	320.3	3.5	50.6	0.3
最小值	5.4	2	6	−0.572
最大值	1244.5	13	230	0.493

表 5－13　　　　　　　　鱼类指标与土地利用以及水质因子的相关性

指标	渔获生物量	种类丰富度	渔获丰度	鱼类残毒
农业	−0.15	−0.1	−0.32	−0.31
城市	0.01	−0.21	−0.28	0.04
农业（.5k）	−0.32	0.14	0.17	**−0.57**
城市（.5k）	0.06	−0.13	−0.13	0.16
河岸宽度	0.15	0.38	0.01	−0.17
河岸长度	−0.04	−0.07	−0.11	−0.08
pH 值	−0.06	−0.01	−0.32	−0.21
电导率	0.36	0.22	0.11	**−0.59**
DO	0.12	0.1	−0.21	−0.17
NTU	−0.11	−0.13	0.07	**−0.49**
$NO_2 - N$	−0.17	0.34	**0.71**	−0.29
$NH_4^+ - N$	0.33	−0.03	−0.21	0.18
$NO_3 - N$	0.22	−0.18	−0.12	−0.07
TN	0.26	−0.14	−0.09	−0.08
TP	0.43	0.1	0.24	0.06
PC1	0.27	0.45	0.38	−0.44
PC2	−0.24	−0.21	0	0.18

注：加粗字体代表显著相关。

5.3.4.2　鱼类指标选用建议

鱼类具有重要的经济和生态价值，将鱼类纳入河流健康与评估是非常有必要的。但是由于缺乏长期的监测资料，对本项目的充分开展增加了一定的难度。利用几十年零星的渔业调查资料可以看出桂江流域的鱼类物种显著下降（图 5－2）。这对评估当前干扰梯度带来严峻挑战，因为流域种群的大范围变化可能已经发生了。另外，桂江沿岸大量水坝的建设，却没有任何过鱼设施，对整体物种数量下降产生了深远影响，已经不存在未受流量调节的区域，因此选择鱼类参考点也就没有可能。试点项目的结果指出需要大量工作来修改和完善鱼类种群健康的指标（表 5－14）。

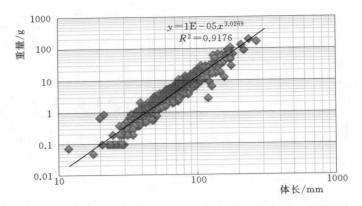

图 5-1 对所有鱼类物种检查其长度和重量关系（注：对数轴）

表 5-14 　　　　　　　　　　　　　可能纳入报告卡的鱼类指标

指标群	显示出预期反应的指标	显示出桂江有限变化的临时指标
鱼类	残毒	鱼类丰富度
		渔获丰度

5.3.5　形态结构

FFI 数据从实地调查中收集，而 STI、LoCB 和 CSR 来自 Google 地球卫星图像和预先存在的水利基础设施 GIS 层。单个大坝的详情总结在表 5-15 中，形态指标的单个子指标集的计算见表 5-16～表 5-18，最终结果见表 5-19。

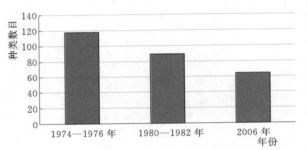

图 5-2　桂江流域自 20 世纪 70 年代以来鱼类物种丰富度变化趋势

表 5-15 　　　　　　　　　　　　　　桂江流域障碍物的详情

序号	名称	地址	装机容量/MW	流域面积/km²	年平均流量/(m³/s)	大坝高度/m	蓄水位/m	鱼道	水系
A	斧子口水电站	广西兴安县瑶族乡	15.0	325	18.2	76	270		陆洞河
B	双滩水电站	广西桂林灵川县双滩村	69.0	1260	/	/	/		漓江
C	巴江口水电站	广西平乐县大发瑶族乡	78.0	12621	67.8	52	97.6		
D	昭平水电站	广西昭平县昭平乡	63.0	13170	430		72		
E	下福水电站	广西昭平县昭平乡富裕村	45.0	15200	483	30	54	无	桂江
F	金牛坪水电站	广西昭平县马江镇	48.0	15748	500	32	42		
G	京南水电站	广西苍梧县京面镇	69.0	17388	551	34	30		
H	旺村水电站	广西梧州市旺村	40.0	18261	590	48	17		
I	山口水电站	广西荔浦县东昌乡	0.8	1925	/	57	/		荔浦
J	江口水电站	广西平乐县平乐乡	0.8	1950	51.51	139	/		

注：“/”表示数据缺失。

表 5 - 16   FFI 和 LoCB 计算

序号	名称	上游最近障碍物（名称）	下游最近障碍物（名称）	上游距障碍物距离/km	下游距障碍物距离/km	上游总障碍	下游总障碍物（至河口）	回水	水电站下游	FFI	LoCB
1	旺村	G	H	44	3	7	1	√		3	1
5	下福水电站	E	F	2	34	5	3		√	3	2
8	昭平水电站	D	E	2	18	4	4		√	3	2
11	荔浦水电站	/	J/I	/	20/32	/	8				2.5
12	念村	/	J/I	/	49/61	/	8			0	2.5
13	阳朔水文站	B	C	104	70	2	6		√	3	2.5
15	冠岩	B	C	54	120	2	6		√	3	2.5
18	桂林水文站	B	C	22	152	2	6		√	3	2.5
22	大溶江	A	B	15	28	1	7		√	3	2.5
24	陆洞河	/	A	/	3	/	8		√	3	2.5
25	乌龟河	/	A	/	28	/	8			0	2.5
2	龙江						1			0	1
3	富群江						2			0	1.5
4	黄姚			所有这些地点都位于其他支流，没有障碍物				2			0	1.5
6	思勤江 27 号						4			0	2
9	恭城水文站						6			0	2.5
10	恭城河						6			0	2.5
14	遇龙河						6			0	2.5
16	朝田河						6			0	2.5
17	新寨						6			0	2.5
19	蓝田						6			0	2.5
20	东江河						6			0	2.5
21	灵渠						7			0	2.5

表 5 - 17   STI 计 算

序号	名称	上游最近障碍物（名称）	大坝高度/m
1	旺村	G	34
5	下福水电站	E	30
8	昭平水电站	D	未知
13	阳朔水文站	B	未知
15	冠岩	B	未知
18	桂林水文站	B	未知
22	大溶江	A	76

注： 即使有两个水电站（B&D）的大坝高度未知，还是很确定这两个大坝高度超过 15m。

表 5-18 CSR 计 算

序号	子流域面积 /10⁹m²	农业面积 /10⁹m²	城市面积 /10⁸m²	P/%	CSR
1	18.2	2.41	1.89	14	1
2	0.37	0.02	0	1	0
3	0.64	0.15	0.19	28	2
4	0.22	0.06	0.16	35	2
5	15.16	2.19	1.69	16	1
6	1.59	0.35	0.08	23	1
7	0.08	0	0.08	10	1
8	13.16	1.83	1.46	15	1
9	2.60	0.34	0.10	14	1
10	0.97	0.19	0.02	20	1
11	0.99	0.07	0.11	8	0
12	0.34	0.02	0.02	1	0
13	5.56	0.82	1.23	17	1
14	0.08	0.03	0	32	2
15	4.25	0.60	1.20	17	1
16	0.35	0.02	0	5	0
17	0.04	0	0	0	0
18	2.91	0.32	0.94	14	1
19	0.05	0.01	0	2	0
20	0.10	0	0	0	0
21	0.24	0.05	0.02	24	1
22	0.72	0.04	0.01	5	0
24	0.31	0.03	0	1	0
25	0.03	0.0004	0	1	0

表 5-19 形态结构压力源指标分数（PFS）

序号	名称	FFI	STI	LoCB	CSR	PFS
1	旺村	3	3	1	1	0.47
2	龙江	0	0	1	0	0.93
3	富群河	0	0	1.5	2	0.77
4	黄姚	0	0	1.5	2	0.77
5	下福水电站	3	3	2	1	0.40
6	思勤江	0	0	2	1	0.80
7	昭平水电站	3	3	2	1	0.40

序号	名称	FFI	STI	LoCB	CSR	PFS
8	恭城水文站	0	0	2.5	1	0.77
9	恭城河	0	0	2.5	1	0.77
10	荔浦水电站	0	0	2.5	0	0.83
11	念村	0	0	2.5	0	0.83
12	阳朔水文站	3	3	2.5	1	0.37
13	遇龙河	0	0	2.5	2	0.70
14	冠岩	3	3	2.5	1	0.37
15	朝田河	0	0	2.5	0	0.83
16	新寨	0	0	2.5	0	0.83
17	桂林水文站	3	3	2.5	1	0.37
18	蓝田	0	0	2.5	0	0.83
19	东江河	0	0	2.5	0	0.83
20	灵渠	0	0	2.5	1	0.77
21	大溶江	3	3	2.5	0	0.43
22	陆洞河	3	0	2.5	0	0.63
23	乌龟河	0	0	2.5	0	0.83

较低的 PFS 分数表明对采样点形态结构面临重大压力（表 5-19），由于桂江的大多数大坝高度超过 30m，且缺少鱼道，所以也出现了较低分数。

5.3.6 河岸和河道内植被

5.3.6.1 植被状况调查结果

河岸缓冲带的宽度和连续性在采样点和河流等级间差异很大（表 5-20）。河岸宽度从上游至下游呈比例变化，所观测到的缓冲带最小宽度小于 1m，破碎度很高，在多个观测点清楚地表明农业（包括水稻种植）向河流边缘一直延伸（图 5-3）。

表 5-20　　　　　　　　　每个地点记录的河岸宽度和连续性数据总结

总结数据	河流等级	河岸宽度/m	纵向连续性（0~5）
中间值	1	7.7	3.0
	2	12.8	4.0
	3+	16.7	3.0
最小值	1	1.5	1.0
	2	1.5	1.0
	3+	0.1	2.0
最大值	1	30.0	4.0
	2	96.7	5.0
	3+	41.3	5.0

续表

总结数据	河流等级	河岸宽度/m	纵向连续性（0～5）
标准偏差	1	11.5	1.3
	2	33.3	1.4
	3+	12.0	1.1

图 5-3　水稻种植延伸到河流边缘的例子

注：没有河岸缓冲带和养分添加，稻田中大量的水将导致大量营养物从这类地点流失到河流中。

5.3.6.2　植被状况指标选用建议

评估植被状况通常涉及更多的详细数据收集，包括结构复杂性、多样性、补充和入侵物种的存在。由于本项目时间有限，缺少足够的专业培训，我们重点关注了河岸缓冲带宽度和连续性的影响（表5-21），这些数据可以直接在实地评估或通过遥感评估。对于连续性的评估在稍大一些的范围开展会更加合理。

我们在这里没有进一步考虑河道内大型植物，这是因为调查是在一年中大型植物覆盖率最小的时候开展的，数据很难收集。水生大型植物的有害程度通常与高营养物水平相关，最常见的浮游大型植物凤眼莲和水浮莲会对当地物种多样性造成威胁，改变河流生态系统的结构和功能，阻碍灌溉渠道和水塘。

表 5-21　　　　　　　　　快速评估河岸植被指标选用建议

指标群	显示出预期反应的指标	显示桂江有限变化的临时指标
河岸植被	植被覆盖的缓冲区宽度	
	植被覆盖的缓冲区连续性	
河道内植被		自由浮动的滋扰/入侵种群覆盖率*

注：*当前研究中未评估。

5.3.7　水文

5.3.7.1　水文调查结果

采用桂江水系的漓江、恭城河和桂江3个水文站的实测月流量历史序列（1957—2010年）分析计算 IFD 指标。指标参考值根据3个水文站的天然月流量序列计算获得，天然月流量序列为1957—2000年。

桂江水系各个水文站计算的年度 IFD 指标分数表明年际间的变化程度，这反映了水文状况的自然变化，其中一些年份的 IFD 指标与参考值偏差较大（图5-4）。3个站点的 IFD 指标表明：当漓江源头的青狮潭水库自1964年开始运行后，桂江水系的水文情势没有明显的变化趋势，同时恭城站的指标遵循与马江（京南）站和桂林站同样的模式（图5-4）。根据桂江水系（2008—2010年）的流量数据，桂江水系的IFD指标与参考值差异较小（图5-5）。

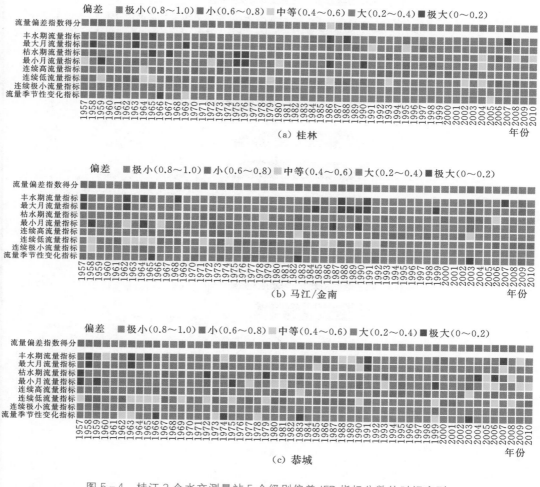

图5-4　桂江3个水文测量站5个级别偏差IFD指标分数的时间序列

5.3.7.2　水文指标选用建议

IFD指标是基于水库调度调节前后月流量数据的对比来说明流量变化情况，并克服目前在国内和其他地方使用的流量指标的一些局限性。IFD指标以月流量数据为分析对象，主要是因为月流量数据比日流量数据更容易获得（但在有日流量数据的条件下可使用后者）。IFD包括8个指标，每一个都与生态健康概念相关。IFD指标的重点在于强调超出自然变化合理范围的流量偏差，经证明足以作为河流健康指数。IFD强调水库调节的影响，还强调流量自然低于通常流量的年份，两者都是环境生态健康的重要决定因素，与使用生物评估方法一样。但是，IFD指标法提供了只需要获取水文站流量数据后便可确定相对河流水文健康的较简单方法。

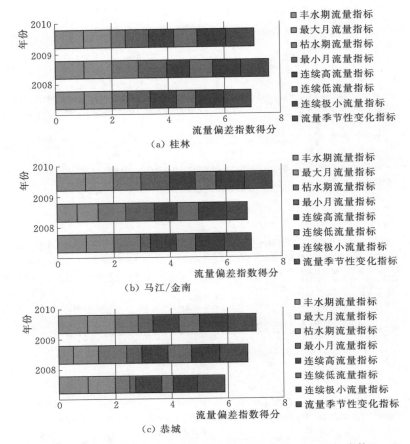

图 5-5 来自桂江水系水文站 3 年记录的详细 IFD 指标分数

5.4 潜在指标总结

可能纳入报告卡的指标见表 5-22。下一步是设定适当目标和基准，以便使这些指标能够被纳入河流健康评估中。如果不能确定适当的参考点用于打分，这一步可能导致将某些指标从计划中排除。

表 5-22   可能纳入报告卡中的指标

指标群	显示出预期反应的指标	指标群	显示出预期反应的指标
水质	pH 值	藻类	叶绿素 a
	电导率		$\delta^{15}N$
	DO		
	$NH_4^+ - N$		IBD
	$NO_3 - N$		
	TN		IPS

指标群	显示出预期反应的指标	指标群	显示出预期反应的指标
无脊椎动物	EPT 分类	大型植物	河岸宽度
	EPT 比率		河岸连续性
	生物指数	形态结构	自由流量中断
	Ratio five		输沙中断
	信号		纵向连续性障碍
	加权信号		流域沉积物风险
鱼类	鱼类丰富性		
	鱼类丰度	水文	流量偏差指数（IFD）
	鱼类残毒		

桂江流域河流健康评估

6.1 河流形态评估

6.1.1 河岸带状况评估

桂江河岸带状况评估现场查勘了 31 个调查点，并填写了桂江流域水功能区河岸带调查表，见附表 2。

根据桂江各评价水功能区的河岸带调查表中的数据，参照 3.2.1 中河岸带状况的计算方法，可得出桂江各评价河段的河岸带状况分数，见表 6-1。

表 6-1 桂江河岸带状况评估分数表

序号	一级功能区	二级功能区	河岸带点位	河岸带状况分数
1	桂江兴安源头水保护区	—	乌龟江	65
2	桂江（漓江）兴安保留区	—	六洞河	80
3	漓江桂林开发利用区	漓江兴安、灵川农业、饮用水区	大面	68
		漓江桂林饮用水源区	桂林水文站	70
		漓江桂林排污控制区	渡头村	74
		漓江雁山景观娱乐用水区	冠岩	73
		漓江雁山、阳朔渔业用水区	浪州村	74
		漓江阳朔景观娱乐用水区	兴坪	70
		漓江阳朔饮用、工业、景观用水区	阳朔水文站	71
		桂江阳朔农业用水区	留公村	74
		桂江平乐饮用水源区	马家庄	72
		桂江平乐工业、农业、渔业用水区	平乐	81
4	桂江平乐、昭平保留区	—	广运林场	66
5	桂江昭平开发利用区	桂江昭平饮用水源区	平峡口	88
		桂江昭平工业、农业、渔业用水区	昭平水电站	71
6	桂江昭平、苍梧保留区	—	古袍	85

序号	一级功能区	二级功能区	河岸带点位	河岸带状况分数
7	桂江梧州开发利用区	桂江梧州饮用、工业用水区	思良江	74
		桂江梧州景观娱乐用水区	桂江一桥（梧州）	81
8	荔浦河源头水保护区	—	念村	75
9	荔浦河荔浦开发利用区	荔浦河荔浦饮用、农业水源区	五指山桥	85
		荔浦河荔浦工业、农业用水区	滩头村	91
		荔浦河荔浦-平乐过渡区	江口村	86
10	恭城河源头水保护区	—	夏层铺	74
11	恭城河上游桂湘缓冲区	—	棠下村	74
12	恭城河江永保留区	—	上洞村	74
13	恭城河湘桂缓冲区	—	龙虎	70
14	恭城河恭城保留区	—	竹风村	75
15	恭城河恭城、平乐开发利用区	恭城河恭城嘉会农业用水区	嘉会乡	65
		恭城河恭城县城饮用水源区	泗安村	73
		恭城河恭城工业、景观用水区	恭城水文站	72
		恭城河恭城、平乐农业、饮用水源区	茶江大桥	58

6.1.2 河流连通性评估

由 2.8 节可知，桂江评估范围内分布 10 个梯级水电站，各梯级水电站所在功能区见表 6-2。

表 6-2　　　　　　　　　桂江梯级水电站所在功能区表

序号	一级功能区	二级功能区	梯级水电站
1	桂江兴安源头水保护区	—	
2	桂江（漓江）兴安保留区	—	斧子口水电站
3	漓江桂林开发利用区	漓江兴安、灵川农业、饮用水区	双潭水电站
		漓江桂林饮用水源区	—
		漓江桂林排污控制区	—
		漓江雁山景观娱乐用水区	—
		漓江雁山、阳朔渔业用水区	—
		漓江阳朔景观娱乐用水区	—
		漓江阳朔饮用、工业、景观用水区	阳朔水文站
		桂江阳朔农业用水区	—
		桂江平乐饮用水源区	—
		桂江平乐工业、农业、渔业用水区	—
4	桂江平乐、昭平保留区	—	巴江口电站

序号	一级功能区	二级功能区	梯级水电站
5	桂江昭平开发利用区	桂江昭平饮用水源区	昭平水电站
		桂江昭平工业、农业、渔业用水区	下福水电站
6	桂江昭平、苍梧保留区	—	金牛坪水电站 京南水电站
7	桂江梧州开发利用区	桂江梧州饮用、工业用水区	旺村水电站
		桂江梧州景观娱乐用水区	—
8	荔浦河源头水保护区	—	
9	荔浦河荔浦开发利用区	荔浦河荔浦饮用、农业水源区	
		荔浦河荔浦工业、农业用水区	
		荔浦河荔浦-平乐过渡区	江口水电站
10	恭城河源头水保护区		
11	恭城河上游桂湘缓冲区		
12	恭城河江永保留区		
13	恭城河湘桂缓冲区		
14	恭城河恭城保留区		
15	恭城河恭城、平乐开发利用区	恭城河恭城嘉会农业用水区	
		恭城河恭城县城饮用水源区	
		恭城河恭城工业、景观用水区	
		恭城河恭城、平乐农业、饮用水源区	

上述梯级水电站均对径流有调节作用，且均未设置鱼道。因此，参照 3.2.1 中河流连通阻隔状况的计算方法，无梯级水电站的评估河段为 100 分，有梯级水电站的评估河段为 25 分。桂江各评价水功能区的河流连通阻隔分数见表 6-3。

表 6-3　　　　　　　　　桂江各评价水功能区的河流连通性分数表

序号	一级功能区	二级功能区	梯级水电站
1	桂江兴安源头水保护区	—	100
2	桂江（漓江）兴安保留区	—	25
3	漓江桂林开发利用区	漓江兴安、灵川农业、饮用用水区	25
		漓江桂林饮用水源区	100
		漓江桂林排污控制区	100
		漓江雁山景观娱乐用水区	100
		漓江雁山、阳朔渔业用水区	100
		漓江阳朔景观娱乐用水区	100
		漓江阳朔饮用、工业、景观用水区	25
		桂江阳朔农业用水区	100
		桂江平乐饮用水源区	100
		桂江平乐工业、农业、渔业用水区	100

序号	一级功能区	二级功能区	梯级水电站
4	桂江平乐、昭平保留区	—	25
5	桂江昭平开发利用区	桂江昭平饮用水源区	25
		桂江昭平工业、农业、渔业用水区	25
6	桂江昭平、苍梧保留区	—	25
7	桂江梧州开发利用区	桂江梧州饮用、工业用水区	25
		桂江梧州景观娱乐用水区	100
8	荔浦河源头水保护区	—	100
9	荔浦河荔浦开发利用区	荔浦河荔浦饮用、农业水源区	100
		荔浦河荔浦工业、农业用水区	100
		荔浦河荔浦-平乐过渡区	25
10	恭城河源头水保护区	—	100
11	恭城河上游桂湘缓冲区	—	100
12	恭城河江永保留区	—	100
13	恭城河湘桂缓冲区	—	100
14	恭城河恭城保留区	—	100
15	恭城河恭城、平乐开发利用区	恭城河恭城嘉会农业用水区	100
		恭城河恭城县城饮用水源区	100
		恭城河恭城工业、景观用水区	100
		恭城河恭城、平乐农业、饮用水源区	100

6.1.3 防洪达标率评估

桂江具有防洪功能的评估水功能区为漓江桂林开发利用区，桂江梧州开发利用区，恭城河恭城、平乐开发利用区和荔浦河荔浦开发利用区 4 个功能区，各自防洪达标率分数见表 6-4。

表 6-4 桂江防洪达标率分数表

序号	水功能一级区	水功能二级区	规划堤防总长度/km	规划重现期	现状达标长度	百分比/%	分值
1	漓江桂林开发利用区	漓江桂林饮用水源区	25.59	100	17.11	66.88	—
		漓江桂林排污控制区					
		漓江雁山景观娱乐用水区					
		漓江阳朔饮用、工业、景观用水区	14.3	20	10.1	70.70	—
		桂江阳朔农业用水区					
		桂江平乐饮用水源区					
		桂江平乐工业、农业、渔业用水区					

序号	水功能一级区	水功能二级区	规划堤防总长度/km	规划重现期	现状达标长度	百分比/%	分值
2	桂江梧州开发利用区	桂江梧州饮用、工业用水区	6.77	20	4.89	72.23	—
		桂江梧州景观娱乐用水区					
3	恭城河恭城、平乐开发利用区	恭城河恭城嘉会农业用水区	2.67	2.12	20	79.34	—
		恭城河恭城县城饮用水源区					
		恭城河恭城工业、景观用水区					
		恭城河恭、平乐农业、饮用水源区					
4	荔浦河荔浦开发利用区	荔浦河荔浦饮用、农业水源区	12.76	20	9.61	75.3	—
		荔浦河荔浦工业、农业用水区					
		荔浦河荔浦-平乐过渡区					
5		总　计	62.1	43.8	—	70.22	25

6.1.4　河流形态评估结果

根据上述评估，已求得桂江流域各水功能区的河岸带状况分数、河流连通阻隔分数及防洪达标率分值。因此，可计算得出桂江流域各水功能区的河流形态评估分值及评估等级，见表6-5。

表6-5　　　　　　　　　　　桂江流域河流形态评估结果

序号	一级功能区	二级功能区	站点	RS_r	RS_w	RC_r	RC_w	FLD_r	FLD_w	RM_r
1	桂江兴安源头水保护区	—	乌龟江	65	0.7	100	0.3	0	0	75.5
2	桂江（漓江）兴安保留区	—	六洞河	80	0.7	25	0.3	0	0	63.5
3	漓江桂林开发利用区	漓江兴安、灵川农业、饮用用水区	大面	68	0.7	25	0.3	0	0	55.1
		漓江桂林饮用水源区	桂林水文站	70	0.5	100	0.25	25	0.3	66.3
		漓江桂林排污控制区	渡头村	74	0.5	100	0.25	25	0.3	68.3
		漓江雁山景观娱乐用水区	冠岩	73	0.5	100	0.25	25	0.3	67.4
		漓江雁山、阳朔渔业用水区	浪州村	74	0.7	100	0.25	0	0	81.8
		漓江阳朔景观娱乐用水区	兴坪	70	0.7	100	0.25	0	0	79.0
		漓江阳朔饮用、工业、景观用水区	阳朔水文站	71	0.5	25	0.25	25	0.3	48.0
		桂江阳朔农业用水区	留公村	74	0.5	100	0.25	25	0.3	68.3
		桂江平乐饮用水源区	马家庄	72	0.5	100	0.25	25	0.3	67.3
		桂江平乐工业、农业、渔业用水区	平乐	81	0.5	100	0.25	25	0.3	71.8
4	桂江平乐、昭平保留区	—	广运林场	66	0.7	25	0.3	0	0	53.7

序号	一级功能区	二级功能区	站点	RSr	RSw	RCr	RCw	FLDr	FLDw	RMr
5	桂江昭平开发利用区	桂江昭平饮用水源区	平峡口	88	0.7	25	0.3	0	0	69.1
		桂江昭平工业、农业、渔业用水区	昭平水电站	71	0.7	25	0.3	0	0	57.2
6	桂江昭平、苍梧保留区	—	古袍	85	0.7	25	0.3	0	0	67.0
7	桂江梧州开发利用区	桂江梧州饮用、工业用水区	思良江	74	0.5	25	0.25	25	0.3	49.5
		桂江梧州景观娱乐用水区	桂江一桥（梧州）	81	0.5	100	0.25	25	0.3	71.8
8	荔浦河源头水保护区	—	念村	75	0.7	100	0.3	0	0	82.5
9	荔浦河荔浦开发利用区	荔浦河荔浦饮用、农业水源区	五指山桥	85	0.5	100	0.25	25	0.3	73.8
		荔浦河荔浦工业、农业用水区	滩头村	91	0.5	100	0.25	25	0.3	76.8
		荔浦河荔浦-平乐过渡区	江口村	86	0.5	25	0.25	25	0.3	55.5
10	恭城河源头水保护区	—	夏层铺	74	0.7	100	0.3	0	0	81.8
11	恭城河上游桂湘缓冲区	—	棠下村	74	0.7	100	0.3	0	0	81.8
12	恭城河江永保留区	—	上洞村	74	0.7	100	0.3	0	0	81.8
13	恭城河湘桂缓冲区	—	龙虎	70	0.7	100	0.3	0	0	79.0
14	恭城河恭城保留区	—	竹风村	75	0.7	100	0.3	0	0	82.5
15	恭城河恭城、平乐开发利用区	恭城河恭城嘉会农业用水区	嘉会乡	65	0.5	100	0.25	25	0.3	63.8
		恭城河恭城县城饮用水源区	泗安村	73	0.5	100	0.25	25	0.3	67.8
		恭城河恭城工业、景观用水区	恭城水文站	72	0.5	100	0.25	25	0.3	67.3
		恭城河恭城、平乐农业、饮用水源区	茶江大桥	58	0.5	100	0.25	25	0.3	60.3

6.2　水文情势评估

6.2.1　流量过程变异程度评估

本次水文情势评估的对象为桂江流域，采用桂江流域主要水文站点作为代表点进行评估，具体评估结果见表6-6。从表6-6可以看出，桂江流域流量过程变异程度均较小，4个代表站点的流量过程变异程度指标均小于0.05，其中桂林（三）站的指标最小，说明桂江上游流量过程变异程度最小；下游马江/京南代表站变异程度最大，主要原因是桂江平乐（三）水文站至京南水文站河段建了多个径流式水电站，在一定程度上改变了该河段的流量过程。

表 6-6 　　　　　　　　　　　流量过程变异程度评估结果表

流域	代表站点	流量变异程度指标 FD	指标分值 FDr
桂江	桂林（三）	0.007	100
	平乐（三）	0.009	100
	恭城	0.029	100
	马江/京南	0.031	100

6.2.2 　生态流量满足程度评估

本次评估采用桂林（三）、平乐（三）、恭城、马江/京南、荔浦和阳朔 6 个水文站评估桂江上游、中游、下游、恭城河支流和荔浦河支流的生态流量保证程度。具体计算结果见表 6-7。

表 6-7 　　　　　　　　　　　生态流量满足程度评估结果表

流域	代表站点	推荐基流标准（年平均流量百分数）		指标分值
		EF1：育幼期（4—9 月）/%	EF2：一般水期（10 月至次年 3 月）/%	
桂江	桂林（三）	28.78	13.09	23
	平乐（三）	18.69	11.54	26
	恭城	20.02	17.35	27
	马江/京南	13.21	6.71	17
	荔浦	24.44	7.04	17
	阳朔	30.7	14.4	24

由于桂江流域集雨面积不大，日流量丰枯变化较大。如根据桂林（三）站 2012 年实测日流量数据，2012 年育幼期（4—9 月）的最大日流量丰枯比为 47，一般水期（10 月至次年 3 月）的最大日流量丰枯比为 24，全年的最大日流量丰枯比为 105，因此最小日流量占年平均流量的百分比较小，导致生态流量满足程度指标分值也较小。

6.2.3 　流量健康评估结果

根据 3.2.2 流量健康指标的定义，计算出桂林（三）、平乐（三）、马江/京南、恭城、荔浦和阳朔 6 个站点 2012 年 1 月—2012 年 12 月的流量健康指标（IFH），具体成果见表 6-8。从表 6-8 可以看出，桂江流域 2012 年 1—12 月的流量健康指标（IFH）在 0.90～0.95，与多年平均的流量健康指标（IFH）相若。各站历年的流量健康指标评估结果见图 6-1～图 6-6。

表 6-8   2012 年桂江流域流量健康指标评估结果

站点	HFV	HMF	LFV	LMF	PHF	PLF	PVL	SFS	IFH	IFH（多年平均）	IFHr
桂林（三）	1	0.71	1	1	1	0.91	1	1	0.95	0.94	94
平乐（三）	1	1	0.4	1	1	0.91	1	1	0.90	0.99	99
马江/京南	1	1	0.53	1	1	0.91	1	1	0.92	0.97	97
恭城	1	1	0.47	1	1	0.91	1	1	0.91	0.97	97
荔浦	1	1	1	0.8	1	0.82	1	1	0.95	0.98	98
阳朔	1	1	0.67	1	1	0.82	1	1	0.93	0.96	96

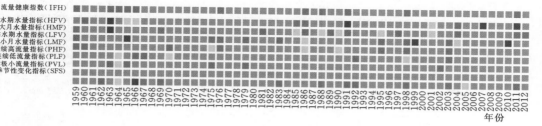

图 6-1   桂林（三）站流量健康指标评估结果

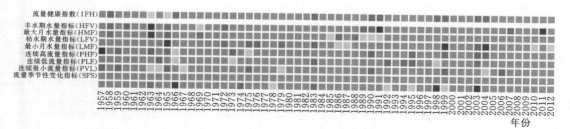

图 6-2   平乐（三）站流量健康指标评估结果

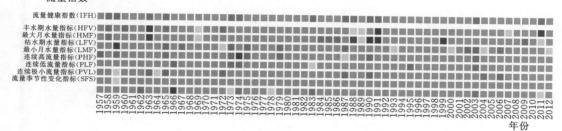

图 6-3   马江/京南站流量健康指标评估结果

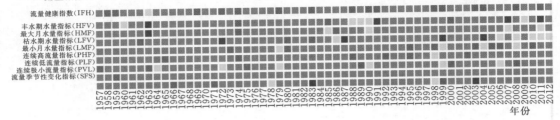

图6-4 恭城站流量健康指标评估结果

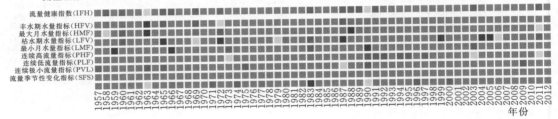

图6-5 荔浦站流量健康指标评估结果

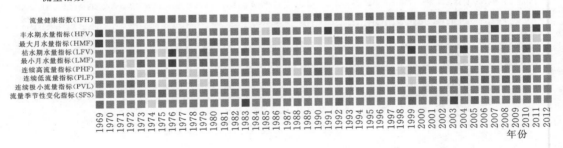

图6-6 阳朔站流量健康指标评估结果

6.2.4 水文情势评估结果

桂江水文情势评估结果见表6-9。

表6-9　　　　　　　　　　桂江水文情势评估结果

序号	一级功能区	二级功能区	站点	FDr	FDw	EFr	EFw	IFDr	IFDw	HRr
1	漓江桂林开发利用区	漓江桂林饮用水源区	桂林水文站	100	0.3	23	0.2	94	0.5	82
		漓江阳朔饮用、工业、景观用水区	阳朔水文站	—	—	24	0.3	96	0.7	74
		桂江平乐工业、农业、渔业用水区	平乐	100	0.3	26	0.2	99	0.5	85

续表

序号	一级功能区	二级功能区	站点	FD*r*	FD*w*	EF*r*	EF*w*	IFD*r*	IFD*w*	HR*r*
2	桂江昭平、苍梧保留区	—	马江/京南	100	0.3	17	0.2	97	0.5	82
3	荔浦河荔浦开发利用区	荔浦河荔浦工业、农业用水区	荔浦	—	—	17	0.3	98	0.7	74
4	恭城河恭城、平乐开发利用区	恭城河恭城工业、景观用水区	恭城水文站	100	0.3	27	0.2	97	0.5	84

6.3 水质状况评估

6.3.1 DO 赋分结果

桂江丰水期、枯水期及全年 DO 赋分结果见表 6-10。

表 6-10　　　　　　　　桂江丰水期、枯水期及全年 DO 赋分结果

序号	一级功能区	二级功能区	站点	丰水期	枯水期	全年
1	桂江兴安源头水保护区	—	乌龟江	100	100	100
2	桂江（漓江）兴安保留区	—	六洞河	100	100	100
3	漓江桂林开发利用区	漓江兴安、灵川农业、饮用用水区	大面	100	100	100
		漓江桂林饮用水源区	桂林水文站	100	100	100
		漓江桂林排污控制区	渡头村	100	100	100
		漓江雁山景观娱乐用水区	冠岩	100	100	100
		漓江雁山、阳朔渔业用水区	浪州村	100	100	100
		漓江阳朔景观娱乐用水区	兴坪	100	100	100
		漓江阳朔饮用、工业、景观用水区	阳朔水文站	100	100	100
		桂江阳朔农业用水区	留公村	100	100	100
		桂江平乐饮用水源区	马家庄	100	100	100
		桂江平乐工业、农业、渔业用水区	平乐	100	100	100
4	桂江平乐、昭平保留区	—	广运林场	100	100	100
5	桂江昭平开发利用区	桂江昭平饮用水源区	平峡口	100	100	100
		桂江昭平工业、农业、渔业用水区	昭平水电站	100	100	100
6	桂江昭平、苍梧保留区	—	古袍	100	100	100
7	桂江梧州开发利用区	桂江梧州饮用、工业用水区	思良江	100	100	100
		桂江梧州景观娱乐用水区	桂江一桥（梧州）	100	100	100
8	荔浦河源头水保护区	—	念村	100	100	100

续表

序号	一级功能区	二级功能区	站点	丰水期	枯水期	全年
9	荔浦河荔浦开发利用区	荔浦河荔浦饮用、农业水源区	五指山桥	100	100	100
		荔浦河荔浦工业、农业用水区	滩头村	100	100	100
		荔浦河荔浦-平乐过渡区	江口村	100	100	100
10	恭城河源头水保护区	—	夏层铺	100	100	100
11	恭城河上游桂湘缓冲区	—	棠下村	100	100	100
12	恭城河江永保留区	—	上洞村	100	100	100
13	恭城河湘桂缓冲区	—	龙虎	100	100	100
14	恭城河恭城保留区	—	竹风村	100	100	100
15	恭城河恭城、平乐开发利用区	恭城河恭城嘉会农业用水区	嘉会乡	100	100	100
		恭城河恭城县城饮用水源区	泗安村	100	100	100
		恭城河恭城工业、景观用水区	恭城水文站	100	100	100
		恭城河恭城、平乐农业、饮用水源区	茶江大桥	100	100	100

6.3.2 耗氧有机物赋分结果

桂江丰水期、枯水期及全年耗氧有机物赋分结果见表6-11~表6-13。

表6-11　　　　　　　　桂江丰水期耗氧有机物赋分结果

序号	一级功能区	二级功能区	站点	COD_{Mn}	BOD_5	COD	NH_3-N	丰水期
1	桂江兴安源头水保护区	—	乌龟江	100	100	100	100	100
2	桂江（漓江）兴安保留区	—	六洞河	100	100	100	100	100
3	漓江桂林开发利用区	漓江兴安、灵川农业、饮用用水区	大面	100	100	100	100	100
		漓江桂林饮用水源区	桂林水文站	100	100	100	100	100
		漓江桂林排污控制区	渡头村	100	100	100	100	100
		漓江雁山景观娱乐用水区	冠岩	100	100	100	100	100
		漓江雁山、阳朔渔业用水区	浪州村	100	100	100	100	100
		漓江阳朔景观娱乐用水区	兴坪	100	100	100	100	100
		漓江阳朔饮用、工业、景观用水区	阳朔水文站	100	100	89	100	97
		桂江阳朔农业用水区	留公村	100	100	100	100	100
		桂江平乐饮用水源区	马家庄	100	100	100	100	100
		桂江平乐工业、农业、渔业用水区	平乐	100	100	100	100	100
4	桂江平乐、昭平保留区	—	广运林场	100	100	100	100	100
5	桂江昭平开发利用区	桂江昭平饮用水源区	平峡口	100	100	100	100	100
		桂江昭平工业、农业、渔业用水区	昭平水电站	100	100	100	100	100
6	桂江昭平、苍梧保留区	—	古袍	100	100	100	100	100

序号	一级功能区	二级功能区	站点	COD$_{Mn}$	BOD$_5$	COD	NH$_3$-N	丰水期
7	桂江梧州开发利用区	桂江梧州饮用、工业用水区	思良江	100	100	100	100	100
		桂江梧州景观娱乐用水区	桂江一桥（梧州）	100	100	100	100	100
8	荔浦河源头水保护区	—	念村	100	100	100	100	100
9	荔浦河荔浦开发利用区	荔浦河荔浦饮用、农业水源区	五指山桥	100	100	81	100	95
		荔浦河荔浦工业、农业用水区	滩头村	100	100	100	100	100
		荔浦河荔浦-平乐过渡区	江口村	100	100	100	100	100
10	恭城河源头水保护区	—	夏层铺	100	100	100	100	100
11	恭城河上游桂湘缓冲区	—	棠下村	100	100	100	100	100
12	恭城河江永保留区	—	上洞村	100	100	100	100	100
13	恭城河湘桂缓冲区	—	龙虎	100	100	100	100	100
14	恭城河恭城保留区	—	竹风村	100	100	100	100	100
15	恭城河恭城、平乐开发利用区	恭城河恭城嘉会农业用水区	嘉会乡	100	100	100	100	100
		恭城河恭城县城饮用水源区	泗安村	100	100	100	100	100
		恭城河恭城工业、景观用水区	恭城水文站	100	100	100	100	100
		恭城河恭城、平乐农业、饮用水源区	茶江大桥	100	100	100	100	100

表 6-12 桂江枯水期耗氧有机物赋分结果

序号	一级功能区	二级功能区	站点	COD$_{Mn}$	BOD$_5$	COD	NH$_3$-N	枯水期
1	桂江兴安源头水保护区	—	乌龟江	100	100	100	100	100
2	桂江（漓江）兴安保留区	—	六洞河	100	100	100	100	100
3	漓江桂林开发利用区	漓江兴安、灵川农业、饮用用水区	大面	100	100	100	100	100
		漓江桂林饮用水源区	桂林水文站	100	100	100	100	100
		漓江桂林排污控制区	渡头村	100	100	100	100	100
		漓江雁山景观娱乐用水区	冠岩	100	100	100	100	100
		漓江雁山、阳朔渔业用水区	浪州村	100	100	100	100	100
		漓江阳朔景观娱乐用水区	兴坪	100	100	100	100	100
		漓江阳朔饮用、工业、景观用水区	阳朔水文站	100	100	100	100	100
		桂江阳朔农业用水区	留公村	100	100	100	100	100
		桂江平乐饮用水源区	马家庄	100	100	100	100	100
		桂江平乐工业、农业、渔业用水区	平乐	100	100	100	100	100
4	桂江平乐、昭平保留区	—	广运林场	100	100	100	100	100
5	桂江昭平开发利用区	桂江昭平饮用水源区	平峡口	100	100	100	100	100
		桂江昭平工业、农业、渔业用水区	昭平水电站	100	100	100	100	100

序号	一级功能区	二级功能区	站点	COD$_{Mn}$	BOD$_5$	COD	NH$_3$-N	枯水期
6	桂江昭平、苍梧保留区	—	古袍	100	100	100	100	100
7	桂江梧州开发利用区	桂江梧州饮用、工业用水区	思良江	100	100	100	100	100
		桂江梧州景观娱乐用水区	桂江一桥（梧州）	100	100	100	100	100
8	荔浦河源头水保护区	—	念村	100	100	100	100	100
9	荔浦河荔浦开发利用区	荔浦河荔浦饮用、农业水源区	五指山桥	100	100	100	100	100
		荔浦河荔浦工业、农业用水区	滩头村	100	100	100	100	100
		荔浦河荔浦-平乐过渡区	江口村	100	100	100	100	100
10	恭城河源头水保护区	—	夏层铺	100	100	100	100	100
11	恭城河上游桂湘缓冲区	—	棠下村	100	100	100	100	100
12	恭城河江永保留区	—	上洞村	100	100	100	100	100
13	恭城河湘桂缓冲区	—	龙虎	100	100	100	100	100
14	恭城河恭城保留区	—	竹风村	100	100	100	100	100
15	恭城河恭城、平乐开发利用区	恭城河恭城嘉会农业用水区	嘉会乡	100	100	100	100	100
		恭城河恭城县城饮用水源区	泗安村	100	100	100	100	100
		恭城河恭城工业、景观用水区	恭城水文站	100	100	100	100	100
		恭城河恭城、平乐农业、饮用水源区	茶江大桥	100	100	100	100	100

表 6-13　　　　　　　　桂江全年耗氧有机物赋分结果

序号	一级功能区	二级功能区	站点	丰水期	枯水期	全年
1	桂江兴安源头水保护区	—	乌龟江	100	100	100
2	桂江（漓江）兴安保留区	—	六洞河	100	100	100
3	漓江桂林开发利用区	漓江兴安、灵川农业、饮用水区	大面	100	100	100
		漓江桂林饮用水源区	桂林水文站	100	100	100
		漓江桂林排污控制区	渡头村	100	100	100
		漓江雁山景观娱乐用水区	冠岩	100	100	100
		漓江雁山、阳朔渔业用水区	浪州村	100	100	100
		漓江阳朔景观娱乐用水区	兴坪	100	100	100
		漓江阳朔饮用、工业、景观用水区	阳朔水文站	97	100	99
		桂江阳朔农业用水区	留公村	100	100	100
		桂江平乐饮用水源区	马家庄	100	100	100
		桂江平乐工业、农业、渔业用水区	平乐	100	100	100
4	桂江平乐、昭平保留区	—	广运林场	100	100	100
5	桂江昭平开发利用区	桂江昭平饮用水源区	平峡口	100	100	100
		桂江昭平工业、农业、渔业用水区	昭平水电站	100	100	100

序号	一级功能区	二级功能区	站点	丰水期	枯水期	全年
6	桂江昭平、苍梧保留区	—	古袍	100	100	100
7	桂江梧州开发利用区	桂江梧州饮用、工业用水区	思良江	100	100	100
		桂江梧州景观娱乐用水区	桂江一桥（梧州）	100	100	100
8	荔浦河源头水保护区	—	念村	100	100	100
9	荔浦河荔浦开发利用区	荔浦河荔浦饮用、农业水源区	五指山桥	95	100	98
		荔浦河荔浦工业、农业用水区	滩头村	100	100	100
		荔浦河荔浦-平乐过渡区	江口村	100	100	100
10	恭城河源头水保护区	—	夏层铺	100	100	100
11	恭城河上游桂湘缓冲区	—	棠下村	100	100	100
12	恭城河江永保留区	—	上洞村	100	100	100
13	恭城河湘桂缓冲区	—	龙虎	100	100	100
14	恭城河恭城保留区	—	竹风村	100	100	100
15	恭城河恭城、平乐开发利用区	恭城河恭城嘉会农业用水区	嘉会乡	100	100	100
		恭城河恭城县城饮用水源区	泗安村	100	100	100
		恭城河恭城工业、景观用水区	恭城水文站	100	100	100
		恭城河恭城、平乐农业、饮用水源区	茶江大桥	100	100	100

6.3.3 重金属赋分结果

桂江丰水期、枯水期及全年重金属赋分结果见表6-14～表6-16。

表 6-14　　　　　　　　　桂江丰水期重金属赋分结果

序号	一级功能区	二级功能区	站点	砷	汞	镉	六价铬	铅	丰水期
1	桂江兴安源头水保护区	—	乌龟江	100	100	100	100	100	100
2	桂江（漓江）兴安保留区	—	六洞河	100	100	100	100	100	100
3	漓江桂林开发利用区	漓江兴安、灵川农业、饮用用水区	大面	100	100	100	100	100	100
		漓江桂林饮用水源区	桂林水文站	100	100	100	100	100	100
		漓江桂林排污控制区	渡头村	100	100	100	100	100	100
		漓江雁山景观娱乐用水区	冠岩	100	100	100	100	100	100
		漓江雁山、阳朔渔业用水区	浪州村	100	100	100	100	100	100
		漓江阳朔景观娱乐用水区	兴坪	100	100	100	100	100	100
		漓江阳朔饮用、工业、景观用水区	阳朔水文站	100	100	100	100	100	100
		桂江阳朔农业用水区	留公村	100	100	100	100	100	100
		桂江平乐饮用水源区	马家庄	100	100	100	100	100	100
		桂江平乐工业、农业、渔业用水区	平乐	100	100	100	100	100	100

序号	一级功能区	二级功能区	站点	砷	汞	镉	六价铬	铅	丰水期
4	桂江平乐、昭平保留区	—	广运林场	100	100	100	100	100	100
5	桂江昭平开发利用区	桂江昭平饮用水源区	平峡口	100	100	100	100	100	100
		桂江昭平工业、农业、渔业用水区	昭平水电站	100	100	100	100	100	100
6	桂江昭平、苍梧保留区	—	古袍	100	100	100	100	100	100
7	桂江梧州开发利用区	桂江梧州饮用、工业用水区	思良江	100	100	100	100	100	100
		桂江梧州景观娱乐用水区	桂江一桥（梧州）	100	100	100	100	100	100
8	荔浦河源头水保护区	—	念村	100	100	100	100	100	100
9	荔浦河荔浦开发利用区	荔浦河荔浦饮用、农业水源区	五指山桥	100	100	100	100	100	100
		荔浦河荔浦工业、农业用水区	滩头村	100	100	100	100	100	100
		荔浦河荔浦-平乐过渡区	江口村	100	100	100	100	100	100
10	恭城河源头水保护区	—	夏层铺	100	100	100	100	100	100
11	恭城河上游桂湘缓冲区	—	棠下村	100	100	100	100	100	100
12	恭城河江永保留区	—	上洞村	100	100	100	100	100	100
13	恭城河湘桂缓冲区	—	龙虎	100	100	100	100	100	100
14	恭城河恭城保留区	—	竹风村	100	100	100	100	100	100
15	恭城河恭城、平乐开发利用区	恭城河恭城嘉会农业用水区	嘉会乡	100	100	100	100	100	100
		恭城河恭城县城饮用水源区	泗安村	100	100	100	100	100	100
		恭城河恭城工业、景观用水区	恭城水文站	100	100	100	100	100	100
		恭城河恭城、平乐农业、饮用水源区	茶江大桥	100	100	100	100	100	100

表 6-15　　　　　桂江枯水期重金属赋分结果

序号	一级功能区	二级功能区	站点	砷	汞	镉	六价铬	铅	枯水期
1	桂江兴安源头水保护区	—	乌龟江	100	100	100	100	100	100
2	桂江（漓江）兴安保留区	—	六洞河	100	100	100	100	100	100
3	漓江桂林开发利用区	漓江兴安、灵川农业、饮用用水区	大面	100	100	100	100	100	100
		漓江桂林饮用水源区	桂林水文站	100	100	100	100	100	100
		漓江桂林排污控制区	渡头村	100	100	100	100	100	100
		漓江雁山景观娱乐用水区	冠岩	100	100	100	100	100	100
		漓江雁山、阳朔渔业用水区	浪州村	100	100	100	100	100	100
		漓江阳朔景观娱乐用水区	兴坪	100	100	100	100	100	100
		漓江阳朔饮用、工业、景观用水区	阳朔水文站	100	100	100	100	100	100
		桂江阳朔农业用水区	留公村	100	100	100	100	100	100
		桂江平乐饮用水源区	马家庄	100	100	100	100	100	100
		桂江平乐工业、农业、渔业用水区	平乐	100	100	100	100	100	100

续表

序号	一级功能区	二级功能区	站点	砷	汞	镉	六价铬	铅	枯水期
4	桂江平乐、昭平保留区	—	广运林场	100	100	100	100	100	100
5	桂江昭平开发利用区	桂江昭平饮用水源区	平峡口	100	100	100	100	100	100
		桂江昭平工业、农业、渔业用水区	昭平水电站	100	100	100	100	100	100
6	桂江昭平、苍梧保留区		古袍	100	100	100	100	100	100
7	桂江梧州开发利用区	桂江梧州饮用、工业用水区	思良江	100	100	100	100	100	100
		桂江梧州景观娱乐用水区	桂江一桥（梧州）	100	100	100	100	100	100
8	荔浦河源头水保护区	—	念村	100	100	100	100	100	100
9	荔浦河荔浦开发利用区	荔浦河荔浦饮用、农业水源区	五指山桥	100	100	100	100	100	100
		荔浦河荔浦工业、农业用水区	滩头村	100	100	100	100	100	100
		荔浦河荔浦-平乐过渡区	江口村	100	100	100	100	100	100
10	恭城河源头水保护区	—	夏层铺	100	100	100	100	100	100
11	恭城河上游桂湘缓冲区		棠下村	100	100	100	100	100	100
12	恭城河江永保留区	—	上洞村	100	100	100	100	100	100
13	恭城河湘桂缓冲区		龙虎	100	100	100	100	100	100
14	恭城河恭城保留区	—	竹风村	100	100	100	100	100	100
15	恭城河恭城、平乐开发利用区	恭城河恭城嘉会农业用水区	嘉会乡	100	100	100	100	100	100
		恭城河恭城县城饮用水源区	泗安村	100	100	100	100	100	100
		恭城河恭城工业、景观用水区	恭城水文站	100	100	100	100	100	100
		恭城河恭城、平乐农业、饮用水源区	茶江大桥	100	100	100	100	100	100

表 6-16　　　　　　　　桂江全年重金属赋分结果

序号	一级功能区	二级功能区	站点	丰水期	枯水期	全年
1	桂江兴安源头水保护区	—	乌龟江	100	100	100
2	桂江（漓江）兴安保留区	—	六洞河	100	100	100
3	漓江桂林开发利用区	漓江兴安、灵川农业、饮用用水区	大面	100	100	100
		漓江桂林饮用水源区	桂林水文站	100	100	100
		漓江桂林排污控制区	渡头村	100	100	100
		漓江雁山景观娱乐用水区	冠岩	100	100	100
		漓江雁山、阳朔渔业用水区	浪州村	100	100	100
		漓江阳朔景观娱乐用水区	兴坪	100	100	100
		漓江阳朔饮用、工业、景观用水区	阳朔水文站	100	100	100
		桂江阳朔农业用水区	留公村	100	100	100
		桂江平乐饮用水源区	马家庄	100	100	100
		桂江平乐工业、农业、渔业用水区	平乐	100	100	100

序号	一级功能区	二级功能区	站点	丰水期	枯水期	全年
4	桂江平乐、昭平保留区	—	广运林场	100	100	100
5	桂江昭平开发利用区	桂江昭平饮用水源区	平峡口	100	100	100
		桂江昭平工业、农业、渔业用水区	昭平水电站	100	100	100
6	桂江昭平、苍梧保留区	—	古袍	100	100	100
7	桂江梧州开发利用区	桂江梧州饮用、工业用水区	思良江	100	100	100
		桂江梧州景观娱乐用水区	桂江一桥（梧州）	100	100	100
8	荔浦河源头水保护区	—	念村	100	100	100
9	荔浦河荔浦开发利用区	荔浦河荔浦饮用农业水源区	五指山桥	100	100	100
		荔浦河荔浦工业、农业用水区	滩头村	100	100	100
		荔浦河荔浦-平乐过渡区	江口村	100	100	100
10	恭城河源头水保护区	—	夏层铺	100	100	100
11	恭城河上游桂湘缓冲区	—	棠下村	100	100	100
12	恭城河江永保留区	—	上洞村	100	100	100
13	恭城河湘桂缓冲区	—	龙虎	100	100	100
14	恭城河恭城保留区	—	竹风村	100	100	100
15	恭城河恭城、平乐开发利用区	恭城河恭城嘉会农业用水区	嘉会乡	100	100	100
		恭城河恭城县城饮用水源区	泗安村	100	100	100
		恭城河恭城工业、景观用水区	恭城水文站	100	100	100
		恭城河恭城、平乐农业、饮用水源区	茶江大桥	100	100	100

6.3.4　苯系物赋分结果

桂江丰水期、枯水期及全年苯系物赋分结果见表6-17～表6-19。

表6-17　　　　　　　　　　桂江丰水期苯系物赋分结果

序号	一级功能区	二级功能区	站点	甲苯	乙苯	邻二甲苯	丰水期
1	桂江兴安源头水保护区	—	乌龟江	—	—	—	—
2	桂江（漓江）兴安保留区	—	六洞河	—	—	—	—
3	漓江桂林开发利用区	漓江兴安、灵川农业、饮用用水区	大面	—	—	—	—
		漓江桂林饮用水源区	桂林水文站	—	—	—	—
		漓江桂林排污控制区	渡头村	—	—	—	—
		漓江雁山景观娱乐用水区	冠岩	—	—	—	—
		漓江雁山、阳朔渔业用水区	浪州村	—	—	—	—
		漓江阳朔景观娱乐用水区	兴坪	—	—	—	—
		漓江阳朔饮用、工业、景观用水区	阳朔水文站	100	100	100	100

序号	一级功能区	二级功能区	站点	甲苯	乙苯	邻二甲苯	丰水期
3	漓江桂林开发利用区	桂江阳朔农业用水区	留公村	—	—	—	—
		桂江平乐饮用水源区	马家庄	100	100	100	100
		桂江平乐工业、农业、渔业用水区	平乐	—	• —		
4	桂江平乐、昭平保留区	—	广运林场				
5	桂江昭平开发利用区	桂江昭平饮用水源区	平峡口				
		桂江昭平工业、农业、渔业用水区	昭平水电站				
6	桂江昭平、苍梧保留区	—	古袍				
7	桂江梧州开发利用区	桂江梧州饮用、工业用水区	思良江				
		桂江梧州景观娱乐用水区	桂江一桥（梧州）				
8	荔浦河源头水保护区	—	念村	—	—	—	—
9	荔浦河荔浦开发利用区	荔浦河荔浦饮用农业水源区	五指山桥	100	100	100	100
		荔浦河荔浦工业、农业用水区	滩头村				
		荔浦河荔浦-平乐过渡区	江口村				
10	恭城河源头水保护区	—	夏层铺	—	—	—	—
11	恭城河上游桂湘缓冲区	—	棠下村				
12	恭城河江永保留区	—	上洞村				
13	恭城河湘桂缓冲区	—	龙虎				
14	恭城河恭城保留区	—	竹风村				
15	恭城河恭城、平乐开发利用区	恭城河恭城嘉会农业用水区	嘉会乡				
		恭城河恭城县城饮用水源区	泗安村	100	100	100	100
		恭城河恭城工业、景观用水区	恭城水文站	—	—	—	—
		恭城河恭城、平乐农业、饮用水源区	茶江大桥	100	100	100	100

表 6-18   桂江枯水期苯系物赋分结果

序号	一级功能区	二级功能区	站点	甲苯	乙苯	邻二甲苯	枯水期
1	桂江兴安源头水保护区	—	乌龟江	—	—	—	—
2	桂江（漓江）兴安保留区	—	六洞河				—
3	漓江桂林开发利用区	漓江兴安、灵川农业、饮用水区	大面				
		漓江桂林饮用水源区	桂林水文站				
		漓江桂林排污控制区	渡头村				
		漓江雁山景观娱乐用水区	冠岩				
		漓江雁山、阳朔渔业用水区	浪州村				
		漓江阳朔景观娱乐用水区	兴坪				

序号	一级功能区	二级功能区	站点	甲苯	乙苯	邻二甲苯	枯水期
3	漓江桂林开发利用区	漓江阳朔饮用、工业、景观用水区	阳朔水文站	100	100	100	100
		桂江阳朔农业用水区	留公村	—	—	—	—
		桂江平乐饮用水源区	马家庄	100	100	100	100
		桂江平乐工业、农业、渔业用水区	平乐	—	—	—	—
4	桂江平乐、昭平保留区	—	广运林场	—	—	—	—
5	桂江昭平开发利用区	桂江昭平饮用水源区	平峡口	—	—	—	—
		桂江昭平工业、农业、渔业用水区	昭平水电站	—	—	—	—
6	桂江昭平、苍梧保留区	—	古袍	—	—	—	—
7	桂江梧州开发利用区	桂江梧州饮用、工业用水区	思良江	—	—	—	—
		桂江梧州景观娱乐用水区	桂江一桥（梧州）	—	—	—	—
8	荔浦河源头水保护区	—	念村	—	—	—	—
9	荔浦河荔浦开发利用区	荔浦河荔浦饮用、农业水源区	五指山桥	100	100	100	100
		荔浦河荔浦工业、农业用水区	滩头村	—	—	—	—
		荔浦河荔浦–平乐过渡区	江口村	—	—	—	—
10	恭城河源头水保护区		夏层铺	—	—	—	—
11	恭城河上游桂湘缓冲区	—	棠下村	—	—	—	—
12	恭城河江永保留区	—	上洞村	—	—	—	—
13	恭城河湘桂缓冲区	—	龙虎	—	—	—	—
14	恭城河恭城保留区		竹凤村	—	—	—	—
15	恭城河恭城、平乐开发利用区	恭城河恭城嘉会农业用水区	嘉会乡	—	—	—	—
		恭城河恭城县城饮用水源区	泗安村	100	100	100	100
		恭城河恭城工业、景观用水区	恭城水文站	—	—	—	—
		恭城河恭城、平乐农业、饮用水源区	茶江大桥	100	100	100	100

表 6－19　　　　　　　　　桂江全年苯系物赋分结果

序号	一级功能区	二级功能区	站点	丰水期	枯水期	全年
1	桂江兴安源头水保护区	—	乌龟江	—	—	—
2	桂江（漓江）兴安保留区	—	六洞河	—	—	—
3	漓江桂林开发利用区	漓江兴安、灵川农业、饮用用水区	大面			
		漓江桂林饮用水源区	桂林水文站			
		漓江桂林排污控制区	渡头村			
		漓江雁山景观娱乐用水区	冠岩			
		漓江雁山、阳朔渔业用水区	浪州村			
		漓江阳朔景观娱乐用水区	兴坪			
		漓江阳朔饮用、工业、景观用水区	阳朔水文站	100	100	100

序号	一级功能区	二级功能区	站点	丰水期	枯水期	全年
3	漓江桂林开发利用区	桂江阳朔农业用水区	留公村	—	—	—
		桂江平乐饮用水源区	马家庄	100	100	100
		桂江平乐工业、农业、渔业用水区	平乐	—	—	—
4	桂江平乐、昭平保留区	—	广运林场	—	—	—
5	桂江昭平开发利用区	桂江昭平饮用水源区	平峡口	—	—	—
		桂江昭平工业、农业、渔业用水区	昭平水电站	—	—	—
6	桂江昭平、苍梧保留区	—	古袍	—	—	—
7	桂江梧州开发利用区	桂江梧州饮用、工业用水区	思良江	—	—	—
		桂江梧州景观娱乐用水区	桂江一桥（梧州）	—	—	—
8	荔浦河源头水保护区	—	念村	—	—	—
9	荔浦河荔浦开发利用区	荔浦河荔浦饮用、农业水源区	五指山桥	100	100	100
		荔浦河荔浦工业、农业水源区	滩头村	—	—	—
		荔浦河荔浦-平乐过渡区	江口村	—	—	—
10	恭城河源头水保护区	—	夏层铺	—	—	—
11	恭城河上游桂湘缓冲区	—	棠下村	—	—	—
12	恭城河江永保留区	—	上洞村	—	—	—
13	恭城河湘桂缓冲区	—	龙虎	—	—	—
14	恭城河恭城保留区	—	竹风村	—	—	—
15	恭城河恭城、平乐开发利用区	恭城河恭城嘉会农业用水区	嘉会乡	—	—	—
		恭城河恭城县城饮用水源区	泗安村	100	100	100
		恭城河恭城工业、景观用水区	恭城水文站	—	—	—
		恭城河恭城、平乐农业、饮用水源区	茶江大桥	100	100	100

6.3.5 水质状况评估结果

桂江水质状况全年赋分结果见表6-20。

表6-20 桂江水质状况全年赋分结果

序号	一级功能区	二级功能区	站点	DO_r	OCP_r	HMP_r	BCP_r	WQ_r
1	桂江兴安源头水保护区	—	乌龟江	100	100	100	—	100
2	桂江（漓江）兴安保留区	—	六洞河	100	100	100	—	100
3	漓江桂林开发利用区	漓江兴安、灵川农业、饮用用水区	大面	100	100	100	—	100
		漓江桂林饮用水源区	桂林水文站	100	100	100	—	100
		漓江桂林排污控制区	渡头村	100	100	100	—	100
		漓江雁山景观娱乐用水区	冠岩	100	100	100	—	100

序号	一级功能区	二级功能区	站点	DOr	OCPr	HMPr	BCPr	WQr
3	漓江桂林开发利用区	漓江雁山、阳朔渔业用水区	浪州村	100	100	100	—	100
		漓江阳朔景观娱乐用水区	兴坪	100	100	100	—	100
		漓江阳朔饮用、工业、景观用水区	阳朔水文站	100	99	100	100	99
		桂江阳朔农业用水区	留公村	100	100	100	—	100
		桂江平乐饮用水源区	马家庄	100	100	100	100	100
		桂江平乐工业、农业、渔业用水区	平乐	100	100	100	—	100
4	桂江平乐、昭平保留区	—	广运林场	100	100	100	—	100
5	桂江昭平开发利用区	桂江昭平饮用水源区	平峡口	100	100	100	—	100
		桂江昭平工业、农业、渔业用水区	昭平水电站	100	100	100	—	100
6	桂江昭平、苍梧保留区	—	古袍	100	100	100	—	100
7	桂江梧州开发利用区	桂江梧州饮用、工业用水区	思良江	100	100	100	—	100
		桂江梧州景观娱乐用水区	桂江一桥（梧州）	100	100	100	—	100
8	荔浦河源头水保护区	—	念村	100	100	100	—	100
9	荔浦河荔浦开发利用区	荔浦河荔浦饮用、农业水源区	五指山桥	100	98	100	100	98
		荔浦河荔浦工业、农业用水区	滩头村	100	100	100	—	100
		荔浦河荔浦-平乐过渡区	江口村	100	100	100	—	100
10	恭城河源头水保护区	—	夏层铺	100	100	100	—	100
11	恭城河上游桂湘缓冲区	—	棠下村	100	100	100	—	100
12	恭城河江永保留区	—	上洞村	100	100	100	—	100
13	恭城河湘桂缓冲区	—	龙虎	100	100	100	—	100
14	恭城河恭城保留区	—	竹风村	100	100	100	—	100
15	恭城河恭城、平乐开发利用区	恭城河恭城嘉会农业用水区	嘉会乡	100	100	100	—	100
		恭城河恭城县城饮用水源区	泗安村	100	100	100	100	100
		恭城河恭城工业、景观用水区	恭城水文站	100	100	100	—	100
		恭城河恭城、平乐农业、饮用水源区	茶江大桥	100	100	100	100	100

6.4 水生生物评估

6.4.1 硅藻

6.4.1.1 丰水期

桂江流域 7 月（丰水期）各断面特定污染敏感指数（IPS）为 6.0～15.8，平均为 11.88；阳朔水文站 IPS 指数最高，广远林场 IPS 指数最低。IPS 指数大于 17 的断面有 1 个；IPS 指数大于 13 小于 17 的断面有 9 个；IPS 指数大于 9 小于 13 的断面有 7 个；IPS 指数大于 5 小于 9 的断面有 3 个；IPS 指数小于 5 的断面有 0 个（图 6-7）。

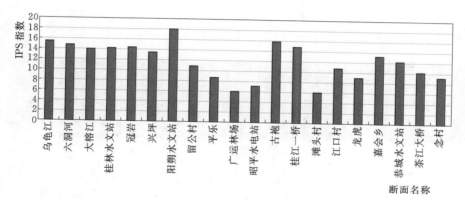

图6-7 桂江流域丰水期硅藻 IPS 指数图

桂江流域7月（丰水期）各断面硅藻生物指数（IBD）为5.6～18.9，平均为12.92；阳朔水文站断面 IBD 指数最高，昭平水电站断面 IBD 指数最低。IBD 指数大于17的断面有2个；IBD 指数大于13小于17的断面有9个；IBD 指数大于9小于13的断面有7个；IBD 指数大于5小于9的断面有2个；IBD 指数小于5的断面有0个（图6-8）。

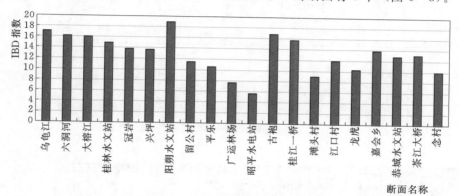

图6-8 桂江流域丰水期硅藻 IBD 指数图

由于 IPS 指数与 IBD 指数的计算公式及所包含的硅藻种类均不同，此处将各断面的 IPS 指数与 IBD 指数进行了相关性分析，结果表明不同各断面的 IPS 指数与 IBD 指数具有显著的正相关（图6-9）。

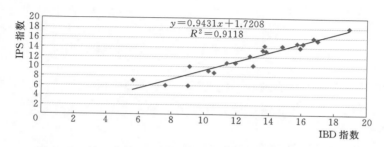

图6-9 桂江流域丰水期各断面 IPS 指数与 IBD 指数相关性

　　桂江流域丰水期硅藻耐污染类群分类、N-异养硅藻种群分布、氧饱和度硅藻种群分布、硅藻营养偏好分布以及硅藻 pH 偏好分布如图 6-10～图 6-14 所示。

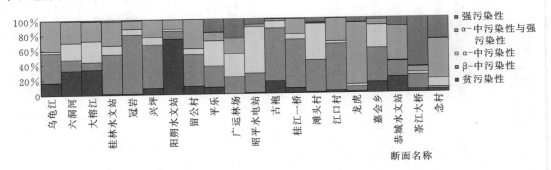

图 6-10　桂江流域丰水期硅藻耐污染类群分类

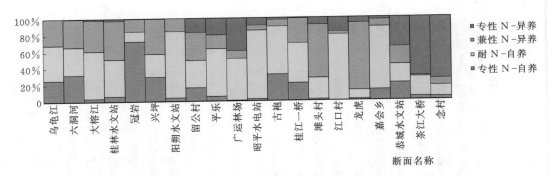

图 6-11　桂江流域丰水期 N-异养硅藻种群分布

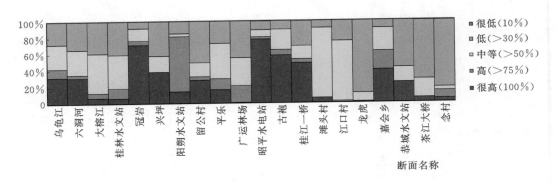

图 6-12　桂江流域丰水期氧饱和度硅藻种群分布

　　由于 IPS 指数对于极值更为敏感，此处以 IPS 指数为标准进行评价。根据国家评价标准，桂江流域各评估水功能区丰水期硅藻评估赋分见表 6-21。

6.4.1.2　枯水期

　　桂江流域 10 月（枯水期）各断面 IPS 指数为 7.3～19.0，平均为 12.53；阳朔水文站断面 IPS 指数最高，龙虎断面 IPS 指数最低。IPS 指数大于 17 的断面有 3 个；IPS 指数大

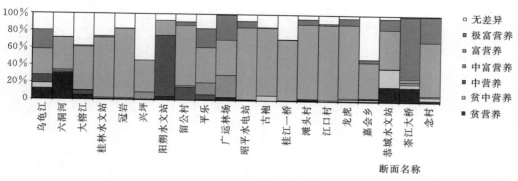

图 6-13 桂江流域丰水期硅藻营养偏好分布

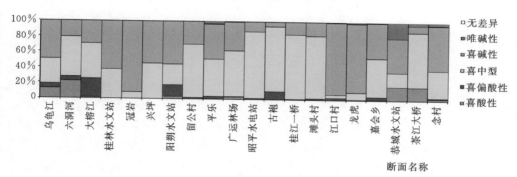

图 6-14 桂江流域丰水期硅藻 pH 偏好分布

表 6-21 桂江流域各评估水功能区丰水期硅藻评估赋分表

序号	一级功能区	二级功能区	站点	IPS	赋分
1	桂江兴安源头水保护区	—	乌龟江	15.4	100
2	桂江（漓江）兴安保留区	—	六洞河	14.7	100
3	漓江桂林开发利用区	漓江兴安、灵川农业、饮用用水区	大榕江	14	100
		漓江桂林饮用水源区	桂林水文站	14.2	100
		漓江桂林排污控制区	—		
		漓江雁山景观娱乐用水区	冠岩	14.3	100
		漓江雁山、阳朔渔业用水区	—		
		漓江阳朔景观娱乐用水区	兴坪	13.4	100
		漓江阳朔饮用、工业、景观用水区	阳朔水文站	18	100
		桂江阳朔农业用水区	留公村	10.8	86
		桂江平乐饮用水源区	—		
		桂江平乐工业、农业、渔业用水区	平乐	8.6	73
4	桂江平乐、昭平保留区	—	广运林场	6	56
5	桂江昭平开发利用区	桂江昭平饮用水源区	—		
		桂江昭平工业、农业、渔业用水区	昭平水电站	7.1	63

续表

序号	一级功能区	二级功能区	站点	IPS	赋分
6	桂江昭平、苍梧保留区	—	古袍	15.8	100
7	桂江梧州开发利用区	桂江梧州饮用、工业用水区	—	14.8	100
		桂江梧州景观娱乐用水区	桂江一桥（梧州）		
8	荔浦河源头水保护区	—	念村	9.1	76
9	荔浦河荔浦开发利用区	荔浦河荔浦饮用、农业水源区	—		
		荔浦河荔浦工业、农业用水区	滩头村	6	56
		荔浦河荔浦－平乐过渡区	江口村	10.7	86
10	恭城河源头水保护区	—			
11	恭城河上游桂湘缓冲区				
12	恭城河江永保留区				
13	恭城河湘桂缓冲区	—	龙虎	9	75
14	恭城河恭城保留区				
15	恭城河恭城、平乐开发利用区	恭城河恭城嘉会农业用水区	嘉会乡	13.2	100
		恭城河恭城县城饮用水源区	—		
		恭城河恭城工业、景观用水区	恭城水文站	12.2	95
		恭城河恭城、平乐农业、饮用水源区	茶江大桥	10.2	83

于 13 小于 17 的断面有 4 个；IPS 指数大于 9 小于 13 的断面有 9 个；IPS 指数大于 5 小于 9 的断面有 4 个；IPS 指数小于 5 的断面有 0 个（图 6-15）。

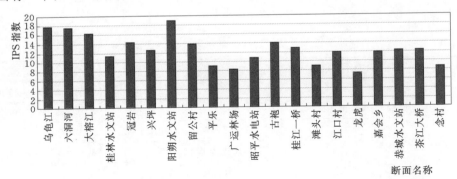

图 6-15 桂江流域枯水期硅藻 IPS 指数图

桂江流域 10 月（枯水期）各断面 IBD 指数为 9.4～20.0，平均为 13.66；阳朔水文站断面 IBD 指数最高，平乐和龙虎断面 IBD 指数最低。IBD 指数大于 17 的断面有 3 个；IBD 指数大于 13 小于 17 的断面有 9 个；IBD 指数大于 9 小于 13 的断面有 8 个；IBD 指数大于 5 小于 9 的断面有 0 个；IBD 指数小于 5 的断面有 0 个（图 6-16）。

由于 IPS 指数与 IBD 指数的计算公式及所包含的硅藻种类均不同，此处将各断面的 IPS 指数与 IBD 指数进行了相关性分析，结果表明不同各断面的 IPS 指数与 IBD 指数具有显著的正相关（图 6-17）。

桂江流域枯水期硅藻耐污染类群分类、N-异养硅藻种群分布、氧饱和度硅藻种群分布、硅藻营养偏好分布以及硅藻 pH 偏好分布如图 6-18～图 6-22 所示。

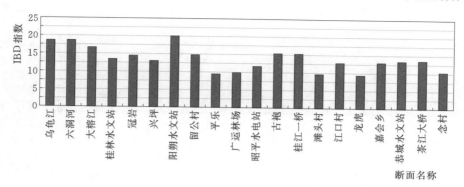

图 6-16 桂江流域枯水期硅藻 IBD 指数图

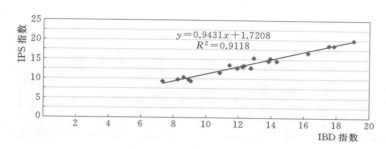

图 6-17 桂江流域枯水期各断面 IPS 指数与 IBD 指数相关性

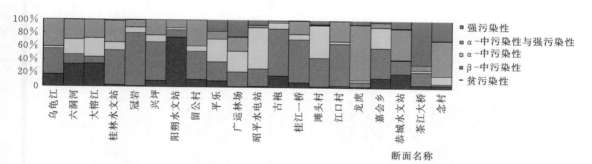

图 6-18 桂江流域枯水期硅藻耐污染类群分类

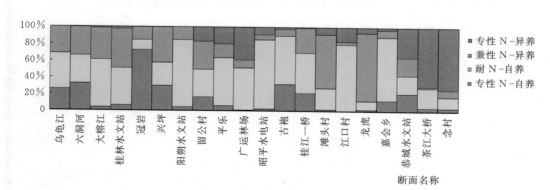

图 6-19 桂江流域枯水期 N-异养硅藻种群分布

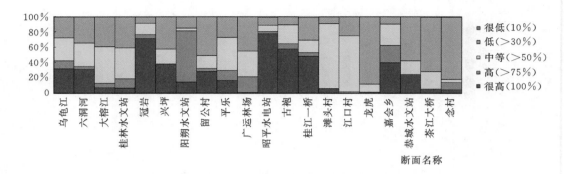

图 6-20　桂江流域枯水期氧饱和度硅藻种群分布

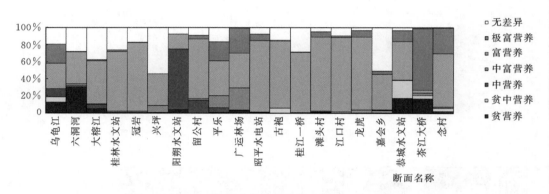

图 6-21　桂江流域枯水期硅藻营养偏好分布

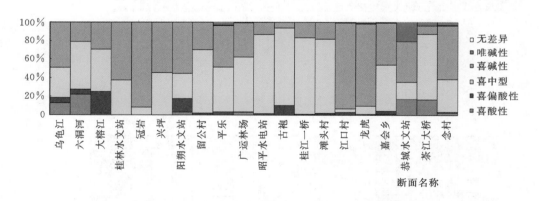

图 6-22　桂江流域枯水期桂江硅藻 pH 偏好分布

　　由于 IPS 指数对于极值更为敏感，此处以 IPS 指数为标准进行评价。根据国家评价标准，桂江流域各评估水功能区枯水期硅藻评估赋分见表 6-22。

　　根据桂江流域丰水期和枯水期的硅藻赋分值，对桂江流域全年进行赋分，赋分结果见表 6-23。

表 6-22 桂江流域各评估水功能区枯水期硅藻评估赋分表

序号	一级功能区	二级功能区	站点	IPS	赋分
1	桂江兴安源头水保护区	—	乌龟江	17.8	100
2	桂江（漓江）兴安保留区	—	六洞河	17.5	100
3	漓江桂林开发利用区	漓江兴安、灵川农业、饮用用水区	大榕江	16.2	100
		漓江桂林饮用水源区	桂林水文站	11.4	90
		漓江桂林排污控制区	—	—	—
		漓江雁山景观娱乐用水区	冠岩	14.3	100
		漓江雁山、阳朔渔业用水区	—	—	—
		漓江阳朔景观娱乐用水区	兴坪	12.7	98
		漓江阳朔饮用、工业、景观用水区	阳朔水文站	19	100
		桂江阳朔农业用水区	留公村	13.8	100
		桂江平乐饮用水源区	—	—	—
		桂江平乐工业、农业、渔业用水区	平乐	9	75
4	桂江平乐、昭平保留区	—	广运林场	8.2	70
5	桂江昭平开发利用区	桂江昭平饮用水源区	—	—	—
		桂江昭平工业、农业、渔业用水区	昭平水电站	10.8	86
6	桂江昭平、苍梧保留区	—	古袍	13.9	100
7	桂江梧州开发利用区	桂江梧州饮用、工业用水区	—	—	—
		桂江梧州景观娱乐用水区	桂江一桥（梧州）	12.9	99
8	荔浦河源头水保护区	—	念村	8.6	73
9	荔浦河荔浦开发利用区	荔浦河荔浦饮用、农业水源区	—	—	—
		荔浦河荔浦工业、农业用水区	滩头村	8.9	74
		荔浦河荔浦-平乐过渡区	江口村	11.9	93
10	恭城河源头水保护区	—			
11	恭城河上游桂湘缓冲区	—			
12	恭城河江永保留区	—			
13	恭城河湘桂缓冲区	—	龙虎	7.3	64
14	恭城河恭城保留区	—			
15	恭城河恭城、平乐开发利用区	恭城河恭城嘉会农业用水区	嘉会乡	11.9	93
		恭城河恭城县城饮用水源区	—	—	—
		恭城河恭城工业、景观用水区	恭城水文站	12.2	95
		恭城河恭城、平乐农业、饮用水源区	茶江大桥	12.3	96

表 6-23 桂江流域各评估水功能区全年硅藻评估赋分表

序号	一级功能区	二级功能区	站点	丰水期	枯水期	全年
1	桂江兴安源头水保护区	—	乌龟江	100	100	100
2	桂江（漓江）兴安保留区	—	六洞河	100	100	100

序号	一级功能区	二级功能区	站点	丰水期	枯水期	全年
3	漓江桂林开发利用区	漓江兴安、灵川农业、饮用水区	大榕江	100	100	100
		漓江桂林饮用水源区	桂林水文站	100	90	95
		漓江桂林排污控制区	—	—	—	—
		漓江雁山景观娱乐用水区	冠岩	100	100	100
		漓江雁山、阳朔渔业用水区	—	—	—	—
		漓江阳朔景观娱乐用水区	兴坪	100	98	99
		漓江阳朔饮用、工业、景观用水区	阳朔水文站	100	100	100
		桂江阳朔农业用水区	留公村	86	100	93
		桂江平乐饮用水源区	—	—	—	—
		桂江平乐工业、农业、渔业用水区	平乐	73	75	74
4	桂江平乐、昭平保留区	—	广运林场	56	70	63
5	桂江昭平开发利用区	桂江昭平饮用水源区	—	—	—	—
		桂江昭平工业、农业、渔业用水区	昭平水电站	63	86	74.5
6	桂江昭平、苍梧保留区	—	古袍	100	100	100
7	桂江梧州开发利用区	桂江梧州饮用、工业用水区	—	—	—	—
		桂江梧州景观娱乐用水区	桂江一桥（梧州）	100	99	99.5
8	荔浦河源头水保护区		念村	76	73	74.5
9	荔浦河荔浦开发利用区	荔浦河荔浦饮用、农业水源区				
		荔浦河荔浦工业、农业用水区	滩头村	56	74	65
		荔浦河荔浦-平乐过渡区	江口村	86	93	89.5
10	恭城河源头水保护区					
11	恭城河上游桂湘缓冲区					
12	恭城河江永保留区					
13	恭城河湘桂缓冲区		龙虎	75	64	69.5
14	恭城河恭城保留区		·	—	—	—
15	恭城河恭城、平乐开发利用区	恭城河恭城嘉会农业用水区	嘉会乡	100	93	96.5
		恭城河恭城县城饮用水源区	—	—	—	—
		恭城河恭城工业、景观用水区	恭城水文站	95	95	95
		恭城河恭城、平乐农业、饮用水源区	茶江大桥	83	96	89.5

6.4.2　底栖动物

根据丰水期（7月）和枯水期（10月）两次现场查勘的数据，桂江流域各评估水功能区丰水期、枯水期底栖动物评估赋分见表6-24和表6-25。根据早期在漓江建立的B-IBI指数的计算方法和健康分级等级，桂江流域各评估水功能区全年底栖动物评估赋分见表6-26。

表 6 - 24　　　　　　桂江流域各评估水功能区丰水期底栖动物评估赋分表

序号	一级功能区	二级功能区	站点	丰水期 B-IBI 指数	赋分
1	桂江兴安源头水保护区	—	乌龟江	3	50
2	桂江（漓江）兴安保留区	—	六洞河	3	50
3	漓江桂林开发利用区	漓江兴安、灵川农业、饮用用水区	大榕江	3	50
		漓江桂林饮用水源区	桂林水文站	3	50
		漓江桂林排污控制区	—	—	—
		漓江雁山景观娱乐用水区	冠岩	0	0
		漓江雁山、阳朔渔业用水区	—	—	—
		漓江阳朔景观娱乐用水区	兴坪	6	100
		漓江阳朔饮用、工业、景观用水区	阳朔水文站	0	0
		桂江阳朔农业用水区	留公村	3	50
		桂江平乐饮用水源区	—	—	—
		桂江平乐工业、农业、渔业用水区	平乐	3	50
4	桂江平乐、昭平保留区	—	广运林场	3	50
5	桂江昭平开发利用区	桂江昭平饮用水源区			
		桂江昭平工业、农业、渔业用水区	昭平水电站	3	50
6	桂江昭平、苍梧保留区		古袍	3	50
7	桂江梧州开发利用区	桂江梧州饮用、工业用水区			
		桂江梧州景观娱乐用水区	桂江一桥（梧州）	3	50
8	荔浦河源头水保护区	—	念村	3	50
9	荔浦河荔浦开发利用区	荔浦河荔浦饮用、农业水源区			
		荔浦河荔浦工业、农业用水区	滩头村	3	50
		荔浦河荔浦—平乐过渡区	江口村	3	50
10	恭城河源头水保护区	—	—	—	—
11	恭城河上游桂湘缓冲区	—	—	—	—
12	恭城河江永保留区	—	—	—	—
13	恭城河湘桂缓冲区	—	龙虎	3	50
14	恭城河恭城保留区	—	—	—	—
15	恭城河恭城、平乐开发利用区	恭城河恭城嘉会农业用水区	嘉会乡	9	100
		恭城河恭城县城饮用水源区	—	—	—
		恭城河恭城工业、景观用水区	恭城水文站	0	0
		恭城河恭城、平乐农业、饮用水源区	茶江大桥	3	50

表 6 - 25　　桂江流域各评估水功能区枯水期底栖动物评估赋分表

序号	一 级 功 能 区	二 级 功 能 区	站点	枯水期 B-IBI 指数	赋分
1	桂江兴安源头水保护区	—	乌龟江	3	50
2	桂江（漓江）兴安保留区	—	六洞河	3	50
3	漓江桂林开发利用区	漓江兴安、灵川农业、饮用用水区	大榕江	0	0
		漓江桂林饮用水源区	桂林水文站	3	50
		漓江桂林排污控制区	—	—	—
		漓江雁山景观娱乐用水区	冠岩	0	0
		漓江雁山、阳朔渔业用水区	—	—	—
		漓江阳朔景观娱乐用水区	兴坪	6	100
		漓江阳朔饮用、工业、景观用水区	阳朔水文站	0	0
		桂江阳朔农业用水区	留公村	3	50
		桂江平乐饮用水源区	—	—	—
		桂江平乐工业、农业、渔业用水区	平乐	3	50
4	桂江平乐、昭平保留区	—	广运林场	3	50
5	桂江昭平开发利用区	桂江昭平饮用水源区	—	—	—
		桂江昭平工业、农业、渔业用水区	昭平水电站	3	50
6	桂江昭平、苍梧保留区	—	古袍	3	50
7	桂江梧州开发利用区	桂江梧州饮用、工业用水区	—	—	—
		桂江梧州景观娱乐用水区	桂江一桥（梧州）	3	50
8	荔浦河源头水保护区	—	念村	3	50
9	荔浦河荔浦开发利用区	荔浦河荔浦饮用、农业水源区	—	—	—
		荔浦河荔浦工业、农业用水区	滩头村	3	50
		荔浦河荔浦-平乐过渡区	江口村	3	50
10	恭城河源头水保护区	—	—	—	—
11	恭城河上游桂湘缓冲区	—	—	—	—
12	恭城河江永保留区	—	—	—	—
13	恭城河湘桂缓冲区	—	龙虎	3	50
14	恭城河恭城保留区	—	—	—	—
15	恭城河恭城、平乐开发利用区	恭城河恭城嘉会农业用水区	嘉会乡	9	100
		恭城河恭城县城饮用水源区	—	—	—
		恭城河恭城工业、景观用水区	恭城水文站	6	100
		恭城河恭城、平乐农业、饮用水源区	茶江大桥	3	50

表 6-26 桂江流域各评估水功能区全年底栖动物评估赋分表

序号	一级功能区	二级功能区	站点	丰水期	枯水期	全年
1	桂江兴安源头水保护区	—	乌龟江	50	50	50
2	桂江（漓江）兴安保留区	—	六洞河	50	50	50
3	漓江桂林开发利用区	漓江兴安、灵川农业、饮用用水区	大榕江	50	0	25
		漓江桂林饮用水源区	桂林水文站	50	50	50
		漓江桂林排污控制区	—	—	—	—
		漓江雁山景观娱乐用水区	冠岩	0	0	0
		漓江雁山、阳朔渔业用水区	—	—	—	—
		漓江阳朔景观娱乐用水区	兴坪	100	100	100
		漓江阳朔饮用、工业、景观用水区	阳朔水文站	0	0	0
		桂江阳朔农业用水区	留公村	50	50	50
		桂江平乐饮用水源区	—	—	—	—
		桂江平乐工业、农业、渔业用水区	平乐	50	50	50
4	桂江平乐、昭平保留区	—	广运林场	50	50	50
5	桂江昭平开发利用区	桂江昭平饮用水源区	—	—	—	—
		桂江昭平工业、农业、渔业用水区	昭平水电站	50	50	50
6	桂江昭平、苍梧保留区	—	古袍	50	50	50
7	桂江梧州开发利用区	桂江梧州饮用、工业用水区	—	—	—	—
		桂江梧州景观娱乐用水区	桂江一桥（梧州）	50	50	50
8	荔浦河源头水保护区	—	念村	50	50	50
9	荔浦河荔浦开发利用区	荔浦河荔浦饮用、农业水源区	—	—	—	—
		荔浦河荔浦工业、农业用水区	滩头村	50	50	50
		荔浦河荔浦-平乐过渡区	江口村	50	50	50
10	恭城河源头水保护区	—	—	—	—	—
11	恭城河上游桂湘缓冲区	—	—	—	—	—
12	恭城河江永保留区	—	—	—	—	—
13	恭城河湘桂缓冲区	—	龙虎	50	50	50
14	恭城河恭城保留区	—	—	—	—	—
15	恭城河恭城、平乐开发利用区	恭城河恭城嘉会农业用水区	嘉会乡	100	100	100
		恭城河恭城县城饮用水源区	—	—	—	—
		恭城河恭城工业、景观用水区	恭城水文站	0	100	50
		恭城河恭城、平乐农业、饮用水源区	茶江大桥	50	50	50

6.4.3 鱼类损失指数

根据近年桂江流域鱼类资料统计按照 1980 年前后鱼类种类统计，FO＝11，FE＝17，则 FO/FE＝11/17＝0.65，查表 3-13 并内插得鱼类损失指数赋分为 47，属亚健康状况。

6.4.4 水生生物评估结果

根据 3.2.4 中的计算公式，桂江流域各评估水功能区水生生物评估结果见表 6 - 27。

表 6 - 27   桂江流域各评估水功能区水生生物评估结果表

序号	一级功能区	二级功能区	站点	EDr	EDw	ZBr	ZBw	FOEr	FOEw	ALr
1	桂江兴安源头水保护区	—	乌龟江	100	0.4	50	0.3	47	0.3	69
2	桂江（漓江）兴安保留区	—	六洞河	100	0.4	50	0.3	47	0.3	69
3	漓江桂林开发利用区	漓江兴安、灵川农业、饮用用水区	大榕江	100	0.4	25	0.3	47	0.3	62
		漓江桂林饮用水源区	桂林水文站	90	0.4	50	0.3	47	0.3	65
		漓江桂林排污控制区	—	—	—	—	—	—	—	—
		漓江雁山景观娱乐用水区	冠岩	100	0.4	0	0.3	47	0.3	54
		漓江雁山、阳朔渔业用水区	—	—	—	—	—	—	—	—
		漓江阳朔景观娱乐用水区	兴坪	98	0.4	100	0.3	47	0.3	83
		漓江阳朔饮用、工业、景观用水区	阳朔水文站	100	0.4	0	0.3	47	0.3	54
		桂江阳朔农业用水区	留公村	100	0.4	50	0.3	47	0.3	69
		桂江平乐饮用水源区	—	—	—	—	—	—	—	—
		桂江平乐工业、农业、渔业用水区	平乐	75	0.4	50	0.3	47	0.3	59
4	桂江平乐、昭平保留区	—	广运林场	70	0.4	50	0.3	47	0.3	57
5	桂江昭平开发利用区	桂江昭平饮用水源区								
		桂江昭平工业、农业、渔业用水区	昭平水电站	86	0.4	50	0.3	47	0.3	64
6	桂江昭平、苍梧保留区	—	古袍	100	0.4	50	0.3	47	0.3	69
7	桂江梧州开发利用区	桂江梧州饮用、工业用水区	—							
		桂江梧州景观娱乐用水区	桂江一桥（梧州）	99	0.4	50	0.3	47	0.3	69
8	荔浦河源头水保护区	—	念村	73	0.4	50	0.3	47	0.3	58
9	荔浦河荔浦开发利用区	荔浦河荔浦饮用、农业水源区								
		荔浦河荔浦工业、农业用水区	滩头村	74	0.4	50	0.3	47	0.3	59
		荔浦河荔浦一平乐过渡区	江口村	93	0.4	50	0.3	47	0.3	66
10	恭城河源头水保护区									
11	恭城河上游桂湘缓冲区									
12	恭城河江永保留区									
13	恭城河湘桂缓冲区		龙虎	64	0.4	50	0.3	47	0.3	55
14	恭城河恭城保留区									

序号	一级功能区	二级功能区	站点	EDr	EDw	ZBr	ZBw	FOEr	FOEw	ALr
15	恭城河恭城、平乐开发利用区	恭城河恭城嘉会农业用水区	嘉会乡	93	0.4	100	0.3	47	0.3	81
		恭城河恭城县城饮用水源区	—	—	—	—	—	—	—	—
		恭城河恭城工业、景观用水区	恭城水文站	95	0.4	50	0.3	47	0.3	67
		恭城河恭城、平乐农业、饮用水源区	茶江大桥	96	0.4	50	0.3	47	0.3	68

6.5　指标体系综合评估

桂江流域各评估水功能区指标体系综合评估结果见表6-28。

表6-28　　　　　　桂江流域各评估水功能区指标体系综合评估结果表

序号	一级功能区	二级功能区	站点	RMr	RMw	HRr	HRw	WQr	WQw	ALr	ALw	RElir
1	桂江兴安源头水保护区	—	乌龟江	75.5	0.4	0	0	100	0.3	69	0.3	81
2	桂江（漓江）兴安保留区	—	六洞河	63.5	0.4	0	0	100	0.3	69	0.3	76
3	漓江桂林开发利用区	漓江兴安、灵川农业、饮用用水区	大面	55.1	0.4	0	0	100	0.3	62	0.3	71
		漓江桂林饮用水源区	桂林水文站	66.3	0.2	82	0.2	100	0.3	65	0.3	79
		漓江桂林排污控制区	渡头村	68.3	0.7	0	0	100	0.3	0	0	78
		漓江雁山景观娱乐用水区	冠岩	67.4	0.4	0	0	100	0.3	54	0.3	73
		漓江雁山、阳朔渔业用水区	浪州村	81.8	0.7	0	0	100	0.3	0	0	87
		漓江阳朔景观娱乐用水区	兴坪	79	0.4	0	0	100	0.3	83	0.3	87
		漓江阳朔饮用、工业、景观用水区	阳朔水文站	48	0.2	74	0.2	100	0.3	54	0.3	71
		桂江阳朔农业用水区	留公村	68.3	0.4	0	0	100	0.3	69	0.3	78
		桂江平乐饮用水源区	马家庄	67.3	0.7	0	0	100	0.3	0	0	77
		桂江平乐工业、农业、渔业用水区	平乐	71.8	0.2	85	0.2	100	0.3	59	0.3	79
4	桂江平乐、昭平保留区	—	广运林场	53.7	0.4	0	0	100	0.3	57	0.3	69
5	桂江昭平开发利用区	桂江昭平饮用水源区	平峡口	69.1	0.7	0	0	100	0.3	0	0	78
		桂江昭平工业、农业、渔业用水区	昭平水电站	57.2	0.4	0	0	100	0.3	64	0.3	72
6	桂江昭平、苍梧保留区	—	古袍	67	0.2	82	0	100	0.3	69	0.3	81
7	桂江梧州开发利用区	桂江梧州饮用、工业用水区	思良江	49.5	0.7	0	0	100	0.3	0	0	65
		桂江梧州景观娱乐用水区	桂江一桥（梧州）	71.8	0.4	0	0	100	0.3	69	0.3	79

序号	一 级 功 能 区	二 级 功 能 区	站点	RMr	RMw	HRr	HRw	WQr	WQw	ALr	ALw	REIir
8	荔浦河源头水保护区	—	念村	82.5	0.4	0	0	100	0.3	58	0.3	80
9	荔浦河荔浦开发利用区	荔浦河荔浦饮用、农业水源区	五指山桥	73.8	0.7	0	0	100	0.3	0	0	82
		荔浦河荔浦工业、农业用水区	滩头村	76.8	0.2	74	0.2	100	0.3	59	0.3	78
		荔浦河荔浦-平乐过渡区	江口村	55.5	0.4	0	0	100	0.3	66	0.3	72
10	恭城河源头水保护区	—	夏层铺	81.8	0.7	0	0	100	0.3	0	0	87
11	恭城河上游桂湘缓冲区	—	棠下村	81.8	0.7	0	0	100	0.3	0	0	87
12	恭城河江永保留区	—	上洞村	81.8	0.7	0	0	100	0.3	0	0	87
13	恭城河湘桂缓冲区	—	龙虎	79	0.4	0	0	100	0.3	55	0.3	78
14	恭城河恭城保留区	—	竹风村	82.5	0.7	0	0	100	0.3	0	0	88
15	恭城河恭城、平乐开发利用区	恭城河恭城嘉会农业用水区	嘉会乡	63.8	0.4	0	0	100	0.3	81	0.3	80
		恭城河恭城县城饮用水源区	泗安村	67.8	0.7	0	0	100	0.3	0	0	77
		恭城河恭城工业、景观用水区	恭城水文站	67.3	0.2	84	0.2	100	0.3	67	0.3	80
		恭城河恭城、平乐农业、饮用水源区	茶江大桥	60.3	0.4	0	0	100	0.3	68	0.3	75
合 计								78				

7

生态系统健康参考值、评分选项和结果

7.1 简介

为了评估河流的健康状况，给每个反映生态系统健康水平的指标设定阈值或目标值（这里称为"参考值"）非常重要。最重要的是，有必要基于以下方面对区分特定河流的"好的"（目标或参考）与"坏的"（不可接受的）状况水平达成一致：①河的种类（基于分类过程）；②河流管理目标。

例如，通常为不同用途或不同值设定不同的水质参数触发值（例如：水生生物多样性、饮用水、娱乐接触和工业利用），可以用于设定担忧阈值。设定担忧目标和阈值（反映较差状况的指标值）的过程可由科学知识予以指导，这个过程是客观的。因此，目标和阈值可能随时间发展并且在不同地方变化。不同利益方（例如：旅游承办商、农民）可能对可接受水平有不同看法。因此，最终的目标和阈值可能涉及一些目标协商和评估的迭代过程。

7.2 设定参考值

有许多方法来设定生态系统健康目标，应用最广泛的方法可能是使用在地点或流域不受人类活动干扰的（即保持生物完整性的状态）情况下指标所取的值。但是，实际上对于许多类型的河流来说这样的地点是不存在的。因此"参考地点"的使用作为一个概念来说很常见，但在实际中很少。下列方法可替代参考值：①可达到的最佳状况，即指定用途的河流/流域在采用最佳管理方式情况下的预期状况；②制定标准或准则（通常用于水质）；③指定用途所需要的标准（游泳、钓鱼、工业、农业和饮用，如中国河流类别Ⅰ～Ⅴ）；④与从指标-干扰关系方程中得出的值对比。

7.3 桂江流域指标值选项

设定指标值是制定河流健康监测计划更困难的部分之一。这是因为河流健康评估概念方法和所使用的取样方法从一个区域转移到另一区域相对容易，但转移指标的目标值和阈值预期要难得多。

设定指标值有几个方法，本书接下来的章节较详细地列出了这些方法。但是值得一提的是桂江流域调查地点数量较少，限制了设定阈值和目标选项。可以将广泛的方法分为以下几类：①基于预先确定的标准的目标和阈值；②从参考地点值中得出的目标和阈值；③基于所观测到数据统计摘要的目标和阈值；④对所观测到关系的推断；⑤设定目标和阈值的决策框架。下面分别对每种方法进行讨论。

7.3.1　基于预先确定的标准的目标和阈值

基于预先确定的标准的第一种方法广泛应用于水质数据。例如在中国，河流健康以GB 3838—2002《地表水环境质量标准》为标准，其中用一系列指数将化学水质分为 5类。大量水质指标被用于确定这些标准，每个参数有对每个类别的数字限制。在这些标准下（表 7-1），功能性河流类别Ⅰ类、Ⅱ类和Ⅲ类将提供对水生生态系统健康的保护。特别是Ⅰ类和Ⅱ类最适用，Ⅲ类也可用于水产业、内河通航水域和游泳区。因此，Ⅲ类及Ⅲ类以上的标准有可能用作阈值来表明水生生态系统何时处于不可接受的健康状态。这些标准可单独用于任何特定取样期收集的数据，尽管实际数据久而久之可能被用于改进标准。

表 7-1　　　　中国每类河流的地表水水质标准与水生生态健康的相关潜在指标　　　　单位：mg/L

河流类别	酚类	溶解氧	五日生化需氧量	化学需氧量	氨氮	总氮	总磷
Ⅰ	≤0.002	≥7.5	≤3	≤2	≤0.15	≤0.2	≤0.02
Ⅱ	≤0.002	≥6	≤3	≤4	≤0.5	≤0.5	≤0.1
Ⅲ	≤0.005	≥5	≤4	≤6	≤1	≤1	≤0.2
Ⅳ	≤0.01	≥3	≤6	≤10	≤1.5	≤1.5	≤0.3
Ⅴ	≤0.1	≥2	≤10	≤15	≤2	≤2	≤0.4

7.3.2　从参考地点值中得出的目标和阈值

历史上，参考地点的概念为大部分评分系统打下基础。但是，实际上这种地点很难找。在这类方法看起来有可能的地方，取样开始前确定一系列指标地点，通常以对土地利用和其他河流健康的压力评估为基础，以上游流域没有重大人为影响为基础选择参考地点。在桂江流域，上游地点比下游地点相对不受干扰，但我们的河流分类强调的可能偏好与采用来自这些地点的数据作为流域其他部分地点的参考有关。这将以与其他地点对比这些地点在河流规模、海拔、坡度等方面的特点为基础，引入偏好。这些都是常见问题。

数据较少和可能参考地点有限使得这种方法难以用于桂江流域，值得注意的是一些指标在试验时很成功（例如 IBD、IPS、生物指数和信号），所有指标在一定程度上都利用了所观测到的不同分类群对逐步恶化的水质或栖息地状况的耐受力。这些指标内含的预期情况是"敏感"分类群更有可能出现的参考地点。因此，在制定这些测度时参考条件的概念就开始起作用，但通常是通过专家提出观点。

7.3.3　基于所观测到数据统计摘要的目标和阈值

作为选择，在没有地点处于"参考状况"或受干扰程度小的地点极少时（例如在桂江试点项目中），必须要考虑到可能大多数地点处于相对受干扰的状况。这种情况下，可以从所观测到的数据中得出表明水生生态系统处于不可接受健康状态的阈值。

这种方法背后的逻辑是对地点随机取样，包括好的和坏的状况。如果情况如此，那么最佳地点可能被用于表明目标，最差地点可能用于设定担忧的阈值。例如：高于中间值或平均值的值（取决于数据是否正常分布）可能代表分隔经历不同程度压力地点的阈值（图7-1）。在澳大利亚，ANZECC标准建议使用观测值的第95个或第5个百分数（分别用于对干扰梯度做出正面或负面反应的指标）来表示不可接受的生态系统健康（图7-2）。在不能获得其他标准和缺少真正参考状况地点时，同样的方法可用于设定潜在目标值（分别用于对干扰梯度做出正面或负面反应的指标）来表示"好的"生态系统健康。

广泛地说，这种方法有一些优点，但如果用于小型数据库则极具风险，因为数据中可能没有纳入最佳和最差地点。因此，这种方法可能在未来评估计划中很有用，但可能不适用于桂江流域的数据库。举例来说，如果这种方法用于金属浓度数据，桂江的一些地点必定高于担忧阈值，而在实际中，所有地点的金属浓度都较低。如果调查的点位足够多，才有可能包括受高浓度金属影响的点位。

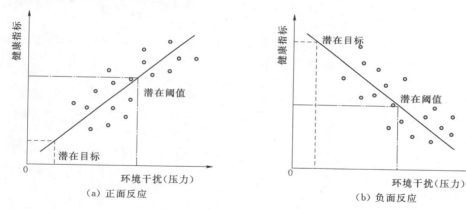

图 7-1　水生生态系统健康指标与环境干扰（压力）的理论关系

　　注：指标的可能目标值与代表最小或可接受程度的压力的环境干扰值一致。对于图（a）这是一个较低的指标值，对于图（b）是较高的指标值。指标的可能阈值将与代表高或不可接受的环境干扰值相一致。对于图（a）是一个中间值或较高的指标值，对于图（b）是一个较低值或中间值。

7.3.4　对所观测到关系的推断

另一种不太广泛使用的方法是使用经验模型（例如：指标-干扰梯度回归模型）来推断目标和阈值。在使用回归模型时，通过将干扰梯度变量系数设定为表示最小人类干扰的值（例如：城市土地覆盖率为零）可能推断出一个指标的目标值。同样，通过将同样的干扰梯度变量设定为表示不可接受的人类干扰值来推断出阈值。然而，有两个问题与这个方法相关。首先，从回归曲线中推断时，必须要谨慎，因为估计值将会处于衍生出模型的所观测到数据的范围以外。其次，所选的代表最小的和不可接受的人类干扰程度、干扰梯度的变量值将是主观的。这些风险意味着不提倡使用这种方法。

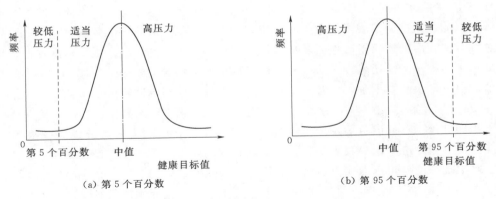

(a) 第 5 个百分数   (b) 第 95 个百分数

图 7-2　水生态健康目标正态分布图

　　注：一个指标的观测值可能被用于为与水生生态系统健康目标和阈值有关的决策提供信息。当没有（或很少有）受干扰最小的地点存在时，可能预期有很小比例的地点（如 5%）处于相对较低的环境压力下。因此可能目标值来自图（a）对环境干扰做出正面反应的每个指标观测值的第 5 个百分数或图（b）对环境干扰做出负面反应的每个指标观测值的第 95 个百分数；对于同样方向的反应，低于在不可接受的高水平环境压力情况下，取样点指标值预期为图（a）高于所有地点观测值的中间值或图（b）低于所有地点观测值的中间值。

7.3.5　设定目标和阈值的决策框架

　　在河流监测和评估地区没有或很少有受干扰程度最小的地点的情况下，可能使用下面的决策树来获得目标和阈值指标，根据这些为水生生态系统健康打分。

　　（1）是否制定了适当的指标指导值可用作目标或阈值？

　　是：为所感兴趣的指标和区域选择最保守或最适当的值，以下列方面为基础：当地知识、专家观点、河系和区域类型、标准相关性的时间和空间范围、区域的目前和未来管理及土地利用方式。

　　无：继续（2）。

　　（2）对于所感兴趣的区域，是否可以通过将干扰梯度变量设定为表示最小人类干扰的值（估计指标目标值）或表示不可接受的程度上的人类干扰值（估计指标阈值），从模拟的观测数据和干扰梯度关系（在这种情况下用与选择标准一致的回归模型）中估计出目标和阈值？

　　是：遵循（1）中列出的过程，用"推断"代替"制定"。

　　无：继续（3）。

　　（3）使用对所感兴趣的指标和区域的观测数据分布来获得指标目标值和阈值，考虑到当地知识、专家观点、河系和区域类型、标准相关性的时间和空间范围、区域的目前和未来管理及土地利用方式。

　　对于对环境压力做出正面反应的指标，选择目标值作为在感兴趣区域所观测到指标值的第 5 个百分数，将阈值作为中间值。

　　对于对环境压力做出负面反应的指标，选择目标值作为在感兴趣区域所观测到指标值的第 95 个百分数，将阈值作为中间值。

（4）应当检查这些值，如有必要，基于以下内容进行修改：连续观测和评估结果，对计划目标、相关性空间或时间范围的改变，影响水生生态系统的管理行为。实际上，如果在报告区域受干扰最小的地点数量将来大幅增加，则应当重新考虑在决策树中使用观测数据的第 5 个百分数、中间值和第 95 个百分数。注意在桂江选择主要依赖决策树中的第一种选项——利用制定的导则或从专家的观点中得到的结果。如上文所讨论的，第二个和第三个选项依赖更全面的数据库，这样无论可靠性程度如何均可使用。

7.4　桂江流域的潜在目标值与阈值

7.4.1　水质

为了与现有水质标准保持一致，对指标的打分范围为Ⅰ～Ⅵ，但为了计算地点分数，将范围重新设定为 0～1。中国不同河流类别的水质标准见表 7－2。

表 7－2　　　　　　　　　　　　　中国不同河流类别的水质标准

类别	pH 值	导电率	溶解氧/(mg/L)	营养物/(mg/L)
Ⅰ	6～9	—	7.5	1
Ⅱ	6～9	—	6	1
Ⅲ	6～9	—	5	1
Ⅳ	6～9	—	3	1
Ⅴ	6～9	—	2	1
Ⅵ	<6～>9	—	<2	1

类别	Cu	Cd	Pb	Cr	Zn	As	Hg
Ⅰ	0.01	0.001	0.01	0.01	0.05	0.05	0.00005
Ⅱ	1	0.005	0.01	0.05	1	0.05	0.00005
Ⅲ	1	0.005	0.05	0.05	1	0.05	0.0001
Ⅳ	1	0.005	0.05	0.05	2	0.1	0.001
Ⅴ	1	0.01	0.1	0.1	2	0.1	0.001
Ⅵ	>1	>0.01	>0.1	>0.1	>2	>0.1	>0.001

7.4.2　藻类

与水质不同，中国目前没有能够使用的藻类指标的标准，也没有无脊椎动物和鱼类的标准。表 7－3 表示初始形式的打分系统来源，以及在必要情况下采用的转换来制定必要数量的类别，用以报告与水质类似的范围。对于 IPS 和 IBD 来说，指数分数来自出版的研究论文（Eloranta 等，2002）。叶绿素 a 浓度和 $\delta^{15}N$ 的值来自对澳大利亚昆士兰东南部研究的数据（Smith 等，2001），但是，从后者中只能获得目标值和阈值（表 7－4）。通过将中间值平分把这些都转换为Ⅰ～Ⅴ级（表 7－5）。

表7-3　　　　　　　　　　　　　芬兰不同河流健康类别的 IPS 值

IPS 和 IBD 指数分数	水质	营养物状况
>17	高	营养不足
15~17	好	低于中等营养
12~15	中等	中等营养
9~12	差	中富营养
<9	坏	富营养

注：选自 Eloranta 等（2002）。

表7-4　　　　　　分别来自 ANZECC 标准和 SEQ 健康航道监测计划的 δ^{15}N 和
叶绿素 a 目标（Ⅰ类）及阈值（Ⅴ类）指标值

分类	河流类别	δ^{15}N	叶绿素 a/（mg/m³）
上游指导	Ⅰ	5	—
上游 WCS	Ⅴ	10	—
下游指导	Ⅰ	5	12
下游 WCS	Ⅴ	10	19

注：叶绿素 a 没有被用作上游指标，桂江分析中将其排除了。

表7-5　　　　　　　　　基于 ANZECC 标准中目标和阈值间的统一划分

分类	河流类别	δ^{15}N	叶绿素 a/（mg/m³）
上游指导	Ⅰ	5	未使用
	Ⅱ	7	
	Ⅲ	8	
	Ⅳ	9	
上游 WCS	Ⅴ	10	

注：δ^{15}N 值分为 5 类（Ⅰ~Ⅴ类）。桂江报告中没有包括叶绿素 a 的浓度。

7.4.3　无脊椎动物

如藻类一样，所选的大型无脊椎动物指标的目标和阈值是从现有计划和文献中得出的，基本上是为了示范这种方法，并提供示范报告卡。这些评分系统应当以其现有形式被采用。关于适当分数的决策将需要对更多的样本进行进一步分析，以决定适当的评分系统。即使是在我们使用的评分系统看起来与预期相符的情况下，也是如此。

EPT 分类的丰富性作为一个指标被广泛使用，但是，在物种丰富性方面也可能有区域差异，而且所收集物种的数量随着取样工作变化而变化。因此，直接将 EPT 分类丰富性的值用于桂江样本是不合理的，我们采用一些先前出版的与不同状况分数相关的 EPT 和总分类丰富性的值（Lenat，1988），表7-6 中重新计算了这些值，并以百分比绝对值为基础将其转化为百分比（表7-7）。但是再次说明，我们强调这是为了示范试验报告卡而采用的大胆假设，通常基于当地数据的值应当被用于未来评估中。生物指数值也来自 Lenat（1988）（表7-8）。

表 7 – 6　　　　　　　　　将水质指定为自由流动的分类丰富性标准

分类	EPT 分类丰富性			总分类丰富性		
	山地	皮德蒙特	沿海	山地	皮德蒙特	沿海
优	>41	>31	>27	>91	>91	>83
好	32～41	24～31	21～27	77～91	77～91	68～83
好—一般	22～31	16～23	14～20	61～76	61～76	52～67
一般	12～21	8～15	7～13	46～60	46～60	36～51
差	0～11	0～7	0～6	0～45	0～45	0～35

注：北卡罗来纳州浅水河，7—9 月。来自 Lenat（1988）。

表 7 – 7　　　　　　　　　来自 Lenat（1988）的 EPT 率值

分类	EPT 分类率		
	山地	皮德蒙特	沿海
I	>0.45	>0.34	>0.33
II	0.42～0.45	0.31～0.34	0.31～0.33
III	0.36～0.41	0.26～0.30	0.27～0.30
IV	0.26～0.35	0.17～0.25	0.19～0.26
V	0.0～0.25	0.0～0.16	0.0～0.18

表 7 – 8　　　　来自 Lenat（1988）的北卡罗来纳州不同状况河流的生物指数值

水质分类	生态区域	
	山地	山地和沿海平原
优	<4.18	<5.24
好	4.19～5.09	5.25～5.95
好 - 一般	5.10～5.91	5.96～6.67
一般	5.92～7.05	6.68～7.70
差	>7.05	>7.71

注：注意这里采用这些值是为了示范的目的，未来的报告中不应该采用这些值。

最后，在得出信号值评分系统时，采用了类似的方法，表 7 – 9 中介绍了这种方法。

表 7 – 9　　　　　　与澳大利亚东南河流生态状况不同测度相关的信号指数值

分类	信号 2 分数	栖息地质量
I	>6	健康的栖息地
II	5～6	轻度污染
III	4～5	中度污染
IV	<4	严重污染
V	<3	非常严重的污染

7.4.4 鱼类

与水质、藻类和无脊椎动物指标相反，没有现存的计划可用于将不同指标分数与河流健康测度联系起来。表 7-10 中的值反映了当地专家的各种观点和基于状况数据统计评估的分数，要注意先前提到的总体上看起来桂江流域的鱼类多样性长期以来在下降的问题。鱼类状况指标背后的前提是平均残余物重量分数（在拟合长度-重量回归之后）为负值的地点是状况比平均水平差的鱼类的栖息地。相反，在平均残余物重量之上表明鱼类处于相对较好的状况。基于与平均残余物重量距离（±1 或 ±2 标准偏差）的简单打分系统被应用于这个指标（表 7-10）。

表 7-10　　　　　　　　　　试验报告卡中保持的 3 个鱼类指标值

上游	鱼类丰富性	鱼类丰度	鱼类残余物重量
I	3	>20	$\mu+1sd$
II	3	>16	$>\mu$
III	2	>12	$<\mu$
IV	2	>8	$<\mu-1sd$
V	1	>4	$<\mu-2sd$

下游	鱼类丰富性	鱼类丰度	鱼类残余物重量
I	8	>20	$\mu+1sd$
II	6	>16	$>\mu$
III	4	>12	$<\mu$
IV	2	>8	$<\mu-1sd$
V	1	>4	$<\mu-2sd$

注： sd 代表标准偏差。

7.4.5 形态结构

之前章节提到的形态结构指数已经包括了将指标分数标准化以用于多测试指数的打分系统。指数的详情在此不再重复，读者可以参考 4.5.2。

7.4.6 植被

河岸缓冲带宽度影响着大范围的生态过程，由不同缓冲带宽度提供的生态值差异很大（Naiman 等，2005；Hansen 等，2010）。例如，5m 的缓冲带可能为小型河流提供遮蔽并保护河岸稳定性，更宽的缓冲带（30m 以上）可能会过滤来自邻近农业区的可溶营养物，再宽的区域会具有陆地生物多样性的好处（Naiman 等，2005；Hansen 等，2010）。在这里使用来自从相关回顾中的信息和来自实地数据的信息对河岸宽度和连续性数据评分（表 7-11）。这些标准将得到改进，取决于河岸缓冲带值的类型（例如：河岸稳定性、营养物拦截和陆地生物多样性等）。

表 7-11　　　　　　　　　　　用在试验报告卡中的两个河岸指标值

分　类	宽度/m	连续性（0～5）
Ⅰ	50	5
Ⅱ	30	4
Ⅲ	20	3
Ⅳ	10	2
Ⅴ	5	1

7.4.7　水文变异

对于形态结构来说，水文变异是为本书研究内容制定的评估水文变异的一种方法，包括将指数分数标准化以用于多测度指数中的评分系统。指数的详情在此不再重复，读者可以参考 4.7。

7.5　河流健康评分

以上内容将状况与Ⅰ～Ⅴ的分类措施相关联，对于统计上总结的不同指标，最好采用数字评分系统。对于这一目的，仅仅将上面的类型转化为表 7-12 中的数字值。从一开始也可通过将最初的指标值与数字评分系统相关联来避免这一步。评分系统的最重要特征是所有指标都以常用的范围表达。进行这一转化的必要公式相对简单，但有不同，取决于考虑中的指标随着观测状况的相对下降是增加还是减小。

表 7-12　　　　　　　　　　　分类指标类别向数字指标分数的转化

分　类	数字分数	描　述
Ⅰ	1	优
Ⅱ	0.8	好
Ⅲ	0.6	一般
Ⅳ	0.4	差
Ⅴ	0.2	非常差

7.6　指标分数的集合和报告

准备分数卡的最后一步是将结果集合起来以简化报告。通常通过计算每个指标群中指标分数的平均值来完成这一步，但是，最好也包括变化的一些测度或每个群中起作用最大和最小的指标。例如，如果认为任何单个指标对于整个生态系统健康特别具有决定性（如过高的重金属浓度），则取一个指标群中任意指标的最小分数作为群的总分更合适。

也可以集合各个地点的分数来提供每个河流区域的总体分数。可以通过计算每个河流区域内各个地点指标群分数的平均值来完成，这种方法是澳大利亚 EHMP 所使用的方法。

另外一步可能需要设定考虑在生态系统健康方面可接受的或有所顾虑的分数值水平。例如，0.5 的分数在生态系统健康方面是合格还是不合格，所选择的作为可接受的截止点的值也可能取决于生态系统健康目标和/或适用于相应地点、河段或报告区域的管理行动。例如，0.2 的分数可能对于预期没有或很少有生态系统健康管理的指定工业区是可接受的。必须谨慎考虑上述这些方案及其对生态健康和管理的影响。

基于取样和 2010 年 4 月数据分析的桂江流域的可能分数在本书的下一节进行了介绍。这些分数作为一个例子只基于本书中列出的过程。在流域河流区域水生生态系统健康方面，应当基于未来监测和评估、专家观点和可能预期情况的当地知识考虑修改。

7.7 基于试点数据的河流健康评估

本书先前章节已经列出了河流健康评估的常用方法，讨论了指标的选择和试验，以及基于目标和阈值将数据转化为适当的评分系统。这里简要总结桂江流域河流健康试点取样计划中得出的结果。

7.7.1 水质

总体来讲，物理-化学水质指标非常好（图 7-3），而营养物浓度在大量地点处于较高水平（图 7-4），导致水质只得到中等状况分数。这主要是 NH_4^+ 和 NO_3^- 浓度较高的结果，尤其是在城市化水平较高的河段。重金属浓度在所有地点都较低（图 7-5），这看上去不是流域河流健康有问题的方面。鉴于工业水平较低，这样的结果并不出乎意料，尽管正在进行的淘金和取汞可能仍会导致沉积物污染，但在试点取样中并没有对其进行选择。

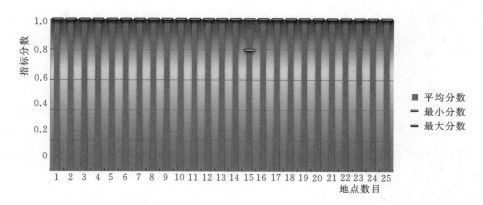

图 7-3 物理-化学水质指标

注：本图是对所调查的 25 个地点物理-化学水质指标的总结。柱形高度代表子指标的平均值，水平线代表每个地点最大和最小子指标分数。

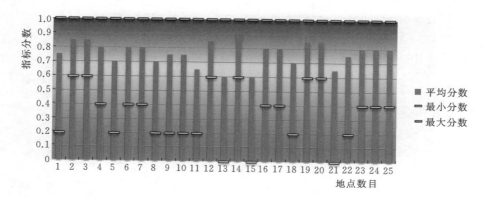

图 7-4　营养物浓度指标

注：本图是对所调查的 25 个地点营养物指标的总结。柱形高度代表子指标的平均值，水平线代表每个地点最大和最小子指标分数。

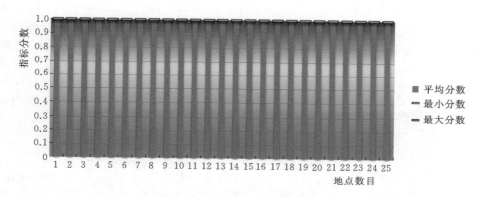

图 7-5　重金属浓度指标

注：本图是对所调查的 25 个地点重金属指标的总结。柱形高度代表子指标的平均值，水平线代表每个地点最大和最小子指标分数。

7.7.2　藻类

由于营养物浓度较高，许多地点的藻类指标分数较低（图 7-6）。这包括生物群结构（IBD 和 IPS）和藻类组织较高的 $\delta^{15}N$ 水平，支持了人类在增加氮丰富度方面的作用。因此，有一种预期是通过减少城市和农业径流来减少营养物负荷，这会使这个指标群总体得到改进。

7.7.3　无脊椎动物

无脊椎动物指标所提供的河流健康情况不那么可观，基于本书前面章节设定的目标和阈值，很少有地点处于好的状况（图 7-7）。大型无脊椎动物采用的分数系统基本上是基于海外现有的系统，是多年来建立起来的，具体与当地生物分类学和单个分类群的耐受力模式有关。因此，整体分数低可能在某种程度上反映了需要基于当地知识和对分布模式的

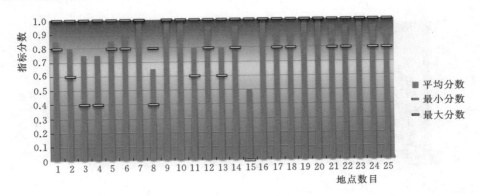

图 7-6　藻类指标

注：本图是对所调查的 25 个地点藻类指标的总结。柱形高度代表子指标的平均值，水平线代表每个地点最大和最小子指标分数。

更广泛评估建立适用于中国生物分类的评分系统。然而，25 个地点无脊椎动物指标分数变化范围仍较大（图 7-7）。下游更多地点（第三类地点，图 7-7）也有一致的向较低分数发展的趋势。这是一个预期模式，这些地点通常具有更高的流域干扰水平。具体地点藻类和无脊椎动物分数之间也有一些一致性，地点 8、11、13 和 15 在两个指标群以及营养物群中的分数都较低。

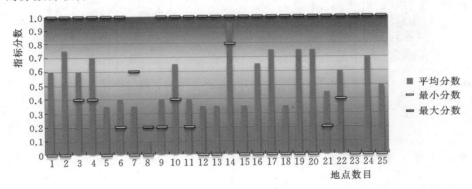

图 7-7　无脊椎动物指标

注：本图是对所调查的 25 个地点无脊椎动物指标的总结。柱形高度代表子指标的平均值，水平线代表每个地点最大和最小子指标分数。

7.7.4　鱼类

　　鱼类指标群的制定存在一定问题，需要进一步研究。由于缺少数据，也不可能在所有地点开展评估。但是，在可能评估的地点，指标分数中有大量变化，一些鱼类指标分数低的地点其他指标群的分数同样很低（例如：地点 15）。与营养物、藻类和大型无脊椎动物指标相反，鱼类指标在 3 个河流级别中有所改进（图 7-8），这与预期相反，因为这些地点一般来说受干扰程度更大。在所检查的所有指标群中，鱼类可能是对河流规模最敏感的，根据定义对 3 类河流来说敏感度是增加的。这对鱼类是否反映河流健康的不同水平，或只是在这 3 个组间变化提出了疑问。遗憾的是，基于这里介绍的指标，鱼类看上去仍是不可靠的指标，需要开展进一步工作。

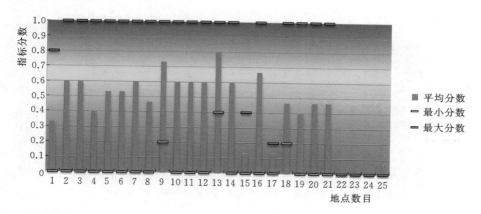

图 7-8　鱼类指标

注：本图是对所调查的 25 个地点鱼类指标的总结。柱形高度代表子指标的平均值，水平线代表每个地点最大和最小子指标分数。

7.7.5　形态结构

形态结构子指数提供了对河道的物理威胁测度，而非实际形态结构变化测度。蓄水区域以上或以下很近的地点以及河流干流上的地点很明显地显示出与纵向破碎带相关的较大程度的影响和水库大坝及当地水利条件的影响（即大坝以上或以下很近的蓄水区域或尾水渠，如图 7-9 所示）。

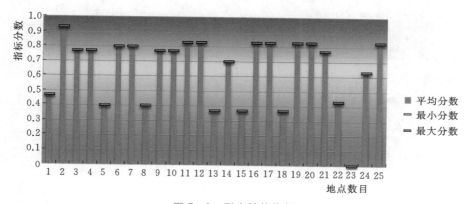

图 7-9　形态结构指标

注：本图是对所调查的 25 个地点形态结构指数（PFS）的总结。柱形高度代表子指标的平均值，水平线代表每个地点最大和最小子指标分数。

7.7.6　河岸植被

使用反映土地利用对缓冲区宽度和连续性直接影响的非常简单的测度来评估河岸植被。如图 7-10 所示，通常没有缓冲区或缓冲区很窄，导致大量地点的分数很低。河岸地带缺少缓冲区是全世界普遍存在的问题，也是一个通过适当的管理行为非常容易解决的问题，例如：限制稻田接近河流，实施再种植计划。这一需求不排除人类利用，可能涉及种植有用的木材品种，这有助于利用周边土地提供一个缓冲带（Naiman 等，2005）。

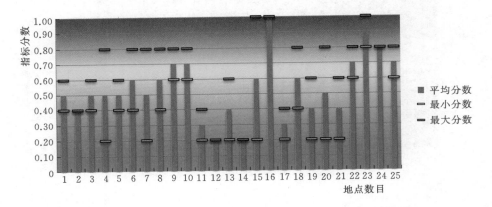

图 7 - 10　河岸指标

注：本图是对所调查的 25 个地点河岸指标的总结。柱形高度代表子指标的平均值，水平线代表每个地点最大和最小子指标分数。

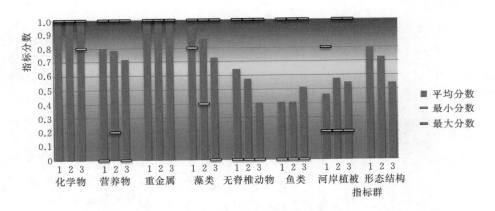

图 7 - 11　三个河流等级的指标总结

注：本图为 3 个河流等级（第一级，第二级，第三/第四级），8 个指标群总结（3 个水质指标群，4 个生物指标群）。柱形高度代表各个地点子指标群的平均值。水平线代表每个地点每个单个指标的最大和最小子指标平均分数。

7.7.7　总结

8 个指标群（图 7 - 11）显示了桂江河流健康的总体结果。水质方面的一些结果很好，大量地点的营养物浓度较高，这与藻类和大型无脊椎动物指标的下降有关。鱼类指标分数在较大河流中有所增加，可能反映了与河流规模之间的关系，但这个指标群可能从增加的营养物浓度（可获得的食物的增加）中受益。河岸植被通常也处于相对较差的状况，只有很窄的和破碎的缓冲带。值得注意的是，这 3 个群（等级 1、等级 2、等级 3）中一些地点在所有指标中分类很高。

在中国广泛采用之前，需要几个指标群。例如，藻类和大型无脊椎动物指标表明所预测的模式，将需要基于当地数据而不是此处以示范为目的采用来自海外计划的数据来制定评分系统，支持其更广泛的应用。这些问题形成了进一步工作建议的部分内容，包括在本书的最后章节。

桂江健康评估关键技术问题思考

8.1 珠江流域健康评估需重点关注的生态环境问题

珠江流域具有水资源丰富、地区发展不平衡、部分地区人类活动影响程度大、水资源保护形势严峻、洪涝灾害频繁等特点，因此开展珠江流域层面健康评估时，需重点关注如下几个方面的生态环境问题：

（1）湖泊萎缩问题。珠江上游云南境内的高原湖泊是重要的水源区，由于围湖造田等人类活动影响，杞麓湖、阳宗海、星云湖、异龙湖、抚仙湖等湖泊面积发生萎缩现象较严重。其中异龙湖和杞麓湖萎缩面积分别为 22.1km² 和 10.9km²；异龙湖和阳宗海分别减少需水量 1.2 亿 m³、0.4 亿 m³，其他湖泊面积、蓄水量也有不同程度的减少。因此在流域层面内开展湖泊健康评估时，对湖泊萎缩情况应予以重点关注。

（2）河口地区压咸流量保证问题。珠江流域水量丰富，但由于下游三角洲河口地区咸潮上溯严重，部分时段仍存在"缺水"问题。根据《珠江流域及红河水资源综合规划》，西江梧州控制断面生态用水（1800m³/s）保障程度为 91%，基本满足生态用水要求；但压咸流量（2100m³/s）的保证率只有 70.5%，难以满足河口压咸的需求。因此针对河口地区开展健康评估时，应将压咸流量保证程度作为其健康评估的重要指标之一。

8.2 评估指标体系问题

8.2.1 问题的提出

根据《方法（1.0 版）》，"河湖健康是指河湖自然生态状况良好，同时具有可持续的社会服务功能。自然生态状况包括河湖的物理、化学和生态 3 个方面，用指标来表述其良好状况；可持续的社会服务功能是指河湖不仅具有良好的自然生态状况，而且具有可以持续为人类社会提供服务的能力"。

从上述概念可以看出，《方法（1.0 版）》中提出的河湖健康概念基于良好的自然生态状况，或自然生态完整性，在此基础上增加了社会服务功能；或者说从自然生态完整性与社会服务功能指标两个方面共同表征河湖健康状况。由于河湖的社会服务功能属于其本身自然属性之外的附属特征，其功能指标必须以自然生态完整性为基础；因此本书认为自然生态完整性与社会服务功能指标之间的关系应为基础与上层的关系，而不应是并列关系；否则在进行指标体系设计的时候，指标之间在内涵概念上或评价结果上会出现重复的问题。

以《方法（1.0 版）》中社会服务功能准则层为例，其指标包括水功能区达标率、水资源开发利用、防洪、公众满意度 4 个指标。除公众满意度指标外，其余 3 个指标从具体定义与计算方法看，水功能区达标率是指水质达标率，与自然生态完整性指标中的水质状况指标相同，属于评价结果重复；防洪指标通过防洪达标率（达标堤防长度与规划堤防总长度的防洪标准权重比）来表达，从内涵概念上来说，应归入河湖形态指标类，而水资源开发利用率指标实质为压力性（或原因性）参考指标，与水文情势指标类存在一定的因果关系，本书认为不宜列入评价类指标。由此可见，目前《方法（1.0 版）》还有很多有待完善之处。

评估一种事物，首先要有一个标准，或者预期目标。评估河流健康的标准或预期目标，就是河流健康的定义或内涵。由于不同地区河流自然条件不同，不可能采用统一的定义，因此只能根据流域实际情况，具体分析。河流健康的概念与内涵直接决定了评估指标体系设计，是河流健康评估的基础，因此在进行河流健康评估之前，有必要结合流域试点实际情况，通过深入分析流域河流水生态特征，归纳出适合流域试点的河湖健康定义与内涵。

8.2.2 河流健康的内涵

通过对国内外河流健康文献的分析，并结合现实情况，本书认为，河流健康应是一种体现管理目标的预期状态，这种状态表明，河湖受人类活动影响处于可接受范围内，或人类活动对其影响未破坏其生态系统功能，且具有良好的支撑水生态系统及社会生态系统的能力。具体说明如下：

首先，河流健康应该是一种预期状态，该种预期状态应该体现流域管理者的管理目标，或者说随着管理者的目标要求不同，健康的预期状态也有所不同。该部分主要针对水质部分指标而言，上游源头区、中游开发利用区或下游河口区，其自然条件、功能区划分不同，水质目标也不尽相同。由于流域管理目标应遵循适应性管理的原则，因此河流健康的预期状态也应具有动态性，随着管理目标的调整而调整。

其次，该种状态下，河湖受人类活动影响处于可接受范围内，或人类活动对其影响未破坏其生态系统功能。该句话两部分所表达的思想比较相近，之所以分别表述，原因在于河湖受人类活动影响的直接表征状态与其生态系统功能之间的联系仍需进一步研究。例如流域开发导致的水文情势变化，其变化程度可接受范围目前国内外基本具有一致的标准，但该阈值对水生态系统的影响程度具体如何，目前仍需要进一步研究。而人类活动对河湖生态系统功能的影响，可直接从梯级开发阻隔情况、河道渠化等生态系统廊道连通性来体现。

最后，该种状态应能够为水生态系统提供良好的栖息环境，并为社会经济发展提供安全的水资源保障。具体说就是不仅水生物群落健康，同时水功能区、水源地均达标，为社会经济发展提供安全保障。

8.2.3 基于河流健康内涵的评估指标体系建立

与河流健康相关的指标有很多，结合河流健康的内涵，本书经过分析，提出将指标分为评估性指标与参考性指标。评估性指标即为前述指标体系中的指标，参与河流健康评估，此处重点讨论的是参考性指标的问题。

参考性指标顾名思义，仅起到参考性作用，与评估性指标相对，不纳入评估指标体系；原因是参考性指标与评估性指标存在一定的因果性关系，若将其纳入指标体系，有可能造成前述的重复性评估问题。从与评估指标的因果性关系看，参考性指标可以分为压力性（或原因性）指标与状态性（或结果性）指标。

原因性指标如土地利用指标、水资源开发利用指标等，这些指标反映了人类活动对流域或河流本身的干扰，对河流健康状况会造成一定的影响。土地利用指标重点关注的是流域硬底化率，而流域的硬底化率或城市建设用地率，一方面决定着流域面源污染负荷，影响着水质状况指标；另一方面会导致流域洪水过程的改变，影响着水文情势指标，因此将土地利用指标归为原因性的参考性指标更合适。同样，水资源开发利用指标，直接影响着天然流量与实测流量的差异，最终会通过水文情势指标类别反映出来，因此将其纳入原因性的参考性指标也更符合实际情况。河流健康评估指标体系分类如图 8-1 所示。

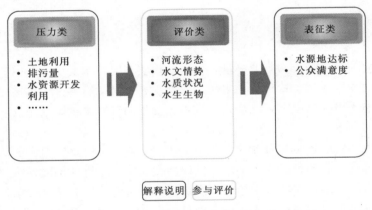

图 8-1　河流健康评估指标体系分类图

结果性指标如水功能区达标率、重要水源地达标率、河口压咸保证率等，这些指标实质上为水质状况、水文情势等自然指标的社会服务功能体现，因此不宜将其再列入评估指标体系中。

但退一步说，将上述参考性指标与评估性指标区分开来，并不意味着将参考性指标从河流健康评估中脱离。从河流健康评估的最终目的看，其实质是为河流健康状况进行体检，河流健康评估要回答的不仅仅是河流健康状况问题，更要回答引起河流不健康的可能原因，以及河流不健康可能对人类社会造成的直接后果或影响。参考性指标的重要意义就在于此。

图 8-1 的分类方法基本体现了河流健康的内涵。压力类指标代表了人类活动对河流

的影响；评价类指标通过体现管理要求的指标标准评价，体现了河流受人类影响的可接受程度，也体现了河流管理需求；在此基础上，通过表征类指标，评价河流是否具有良好的支撑水生态系统及社会生态系统能力。

8.3 河流健康评估方法

8.3.1 评估河段划分方法

由于作为试点评估的河流往往较长，因此同国外河流健康评估一样，在进行评估之前，有必要将试点评估河流或流域划分成评估基本单元，采用自下而上的方式逐级汇总，最终得出试点河流或流域的总体健康状况。

评估河段划分与评估分区为两个不同概念，前者仅针对河流进行，属于线上定义，从较小的河流或河段尺度即可开展，工作简单；后者针对流域进行，属于面上定义，须从流域与大区域尺度开展，结合地貌、气候等条件进行，工作复杂。一方面，目前我国已开展的全国水生态类型分区仅划分到三级区，其尺度仍大于试点流域尺度，无法指导试点流域进行评估分区划分；另一方面，评估分区须在系统分析流域水生态系统特征的基础上进行，从目前全国河流健康评估发展阶段看，目前开展试点流域的水生态分区仍具有较大难度，因此目前不宜提倡试点流域评估分区的概念，可以考虑以评估河段作为评估的基本单元。

基于评估河段的河流健康评估需要考虑的另一个问题是目前我国已划分了河流水功能区，随着《全国重要江河湖泊水功能区划》的颁布实施，水功能区管理将成为今后河流水资源保护与管理的重点，那么作为维护河流健康的重要举措，开展河流健康评估将必须与此相结合，也就是说在进行评估河段划分的同时，应结合水功能区划进行。这样做不仅可以充分利用已有的河流水功能区划成果与监测点位，减小不必要的重复工作，而且水功能区的划分已经充分考虑了河流自然条件、人类活动与河流功能之间的关系，具有明确的水质目标，有利于与河流管理相结合。因此本书认为，进行评估河段划分的时候，不必拘泥于固定河段长度，可对较长的具有单一水功能河段进行拆分，对长度较短的、属于同一水功能一级区的、具有相同水质目标的河段进行适当合并即可。

既然不采取评估分区的方法，那么在评估河流基本单元自下而上逐级汇总的时候，结合干支流水系情况即可，也就是说可以利用水资源分区来进行评估单元"分区"。澳大利亚 Health Waterway 组织每年发布的 SEQ 河流健康报告卡，采用的就是基于干支流的水资源分区作为评估基本单元，简单直观，易于说明问题，值得借鉴。

8.3.2 评估结果表达法方法

河流"健康"说法来源于人类身体健康状况的描述，河流健康评估故与人类自身体检类似，即为河流健康状况进行"把脉"或"体检"。在医院体检的时候，体检单上基本不会为体检者提供一个综合的身体健康分数值，而是根据检测项目（如心、肺等），提供其监测结果，并提出相应的建议。

河流健康评估也应如此。河流生态完整性与服务功能指标是河流自身属性的两个方面，在某种程度上说呈此消彼长的特征。因此将其两个指标通过权重计算出一个综合指数，势必会造成信息的丢失。由于河流健康报告的对象范围广泛，不仅包括决策者、技术人员，也应包括其他各行业的广大公众，而不同行业公众的关注点不同，因此不宜将评估结果单一指数化。

压力性指标如排污量、土地开发强度等，由于不参与实际评估计算，因此可以不必为其制定标准，仅通过指标实际值反应即可。

8.4　河流健康评估监测现状及发展方向

考虑到各流域工作情况差异，本节仅针对必选指标的监测现状及发展方向进行讨论。

8.4.1　物理结构指标的调查方法

物理结构指标中河岸带状况指标主要通过现场实地查勘进行，通过选取代表性的点，记录河岸带状况后，在评估河段层面进行综合分数计算。河流连通阻隔情况（河道闸坝建设情况）通过谷歌遥感图片，并通过资料搜集可以基本摸清；堤防情况通过资料搜集可以基本掌握。

由此可见，河岸带状况指标是物理结构指标监测调查中最复杂的一项。由于评估河流长度往往为几百千米，而河岸带状况调查范围基本在30m范围内，同时目前可以免费获取的遥感影像分辨率基本也为30m，也就是说，难以通过免费的遥感影像进行河岸带状况分析。

因此，在目前遥感资源并不十分丰富的情况下，河岸带状况调查比较现实的方法仍是以人工现场调查为主，同时通过影像、照片等方式协助记录。

8.4.2　水文水资源指标的数据搜集

水文水资源指标评估需要的数据资料有评估断面生态流量、天然流量过程，这两者需要通过水文分析计算得来。目前以上两个指标主要通过搜集水资源综合规划等成果进行，而水资源综合规划中进行还原分析计算的站点数量往往难以满足试点评估的需求，故现状采用的方案是仅采用水资源综合规划中开展还原计算的站点，以这些站点代表整个评估河流的水文水资源健康状况。

随着试点河流评估范围不断扩大，更多的支流也将纳入评估范围，因此代表支流的水文站点资料还原计算将成为必须解决的问题。由于开展还原计算需要大量的基础资料，需要消耗较多的人力，由试点评估技术小组开展往往不现实，因此较可行的方案是委托地方相关部门开展。若仍有困难，则考虑搜集建站以来的水文序列资料，选取历史阶段（如1980年以前）作为天然状态。

8.4.3　水质指标的监测频率

通常评估河流内常规水质监测断面的监测频次为1～2次/月，受实际条件限制，补充监测的断面往往难以满足上述频次要求。因此就存在水质监测断面监测频次不一致问题，进而影响监测结果的代表性。

考虑到今后河流健康评估工作纳入常态化，有必要对试点河流的监测断面进行进一步优化调整。由于评估河段的划分是以水功能区划为基础，故可以结合水功能区优化完善健康评估的监控断面；对于水功能区代表断面以外的河流健康监测断面，则考虑加大监测力度，使监测频率趋于一致。

8.4.4　水生生物指标的监测能力

水生生物指标是目前河流健康评估中关注最多的指标。但由于其监测方法、分析方法及评估标准尚不成熟，因此使用该指标进行评估的时候问题较多。

珠江流域开展水生生物监测工作起步早，基础扎实，具有较强的监测能力，能够自行开展水生生物评估。但由于其需要具备一定的专业背景知识，因此技术小组仅少数成员掌握该项技术能力，对评估的推广带来一定的瓶颈。因此下一步珠江流域技术小组要进一步加强水生生物监测的培训与能力建设，让更多的成员掌握水生生物监测与评估能力。

9

公 众 满 意 度

公众满意度评估采取发放调查表方式进行。调查表样式如附表3所示。通过收集分析公众调查表，统计有效调查表调查成果。

9.1 调查对象统计

9.1.1 调查问卷回收情况

2013年10月桂江流域发放公众参与调查问卷100份，回收100份，回收率达100%。

9.1.2 调查对象身份情况

收回的调查问卷沿河居民（河岸以外1km以内范围）占40%，河道管理者占9%，河道周边从事生产活动者占11%，经常旅游者占12%，偶尔旅游者占28%，如图9-1所示。

9.1.3 调查对象文化程度

调查对象中文化程度为研究生的占1%，本科/大专的占86%，高中/中专的占4%，初中的占5%，小学及以下的占4%，如图9-2所示。

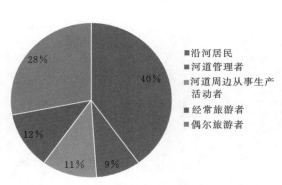

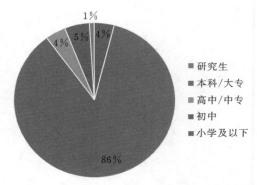

图9-1 桂江流域调查公众身份比例图　　图9-2 桂江流域调查公众文化程度比例图

9.1.4　调查对象职业特征

调查对象中的水利相关工作人员（39％）包括水利局、环境监测、环保部门和水文局工作人员，其余为干部（7％）、学生（45％）、农民（5％）、其他（4％）等，如图9-3所示。

9.1.5　调查对象年龄特征

调查对象年龄在51岁以上的占9％，41～50岁的占12％，31～40岁的占27％，30岁以下的占52％，如图9-4所示。

图9-3　桂江流域调查对象职业特征比例图　　　图9-4　桂江流域调查对象年龄特征比例图

9.2　调查问题统计分析

9.2.1　河流对个人生活的重要性

调查对象认为河流对个人生活很重要的占95％，认为较重要的占4％，认为重要性一般的占1％，如图9-5所示。

9.2.2　河流状况评估

1. 河流水量

调查对象中，认为河流水量太少的占39％，认为水量还可以的占52％，认为水量太多的占6％，觉得不好判断的占3％，如图9-6所示。

2. 河流水质

调查对象中，认为河流水质清洁的占25％，认为水质一般的占48％，认为水质比较脏的占25％，认为水质太脏的占2％，如图9-7所示。

3. 河滩上的树草状况

调查对象中，认为河滩上的树草数量还可以

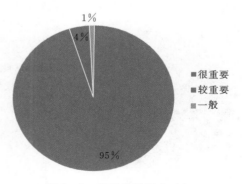

图9-5　桂江流域调查对象
评估河流重要性比例图

的占 73%，认为河滩上的树草太少的占 24%，未填写的占 3%，如图 9-8 所示。

4. 河滩上的垃圾堆放状况

调查对象中，认为河滩上有垃圾堆放的占 56%，认为无垃圾堆放的占 34%，未填写的占 10%，如图 9-9 所示。

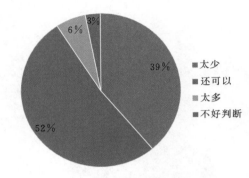

图 9-6　桂江流域调查对象评估桂江
水量比例图

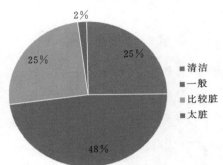

图 9-7　桂江流域调查对象评估桂江
水质比例图

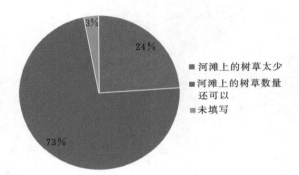

图 9-8　桂江流域调查对象评估桂江河滩上
的树草状况比例图

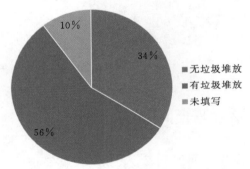

图 9-9　桂江流域调查对象评估河滩上的
垃圾堆放状况比例图

5. 鱼类数量状况

调查对象中，认为鱼类数量少了很多的占 43%，认为数量少了一些的占 42%，认为数量没有变化的占 10%，认为数量多了的占 4%，未填写的占 1%，如图 9-10 所示。

6. 大鱼重量状况

调查对象中，认为大鱼重量小很多的占 38%，认为重量小了一些的占 37%，认为重量没有变化的占 18%，认为重量大了的占 4%，未填写的占 3%，如图 9-11 所示。

7. 本地鱼类状况

调查对象中，有 28.28% 的人知道的本地鱼名称，包括兰刀鱼、大头鱼、罗非鱼、草

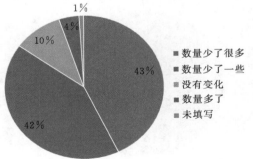

图 9-10　桂江流域调查对象评估桂江鱼类
数量状况比例图

鱼、鳞鱼、鲶鱼、青鱼、大头鱼、黑尾鱼、黄尾鱼、剑骨鱼、石斑鱼、鳜鱼、红眼鱼等；另外有部分公众反映桂江的鲤鱼、鲫鱼绝种了。调查对象中，有 76% 的人认为某些本地鱼类以前有，现在部分没有了；有 14% 的人认为某些本地鱼类以前有，现在完全没有了；有 9% 的人认为本地鱼的种类没有变化；有 1% 的人未填写。具体如图 9-12 所示。

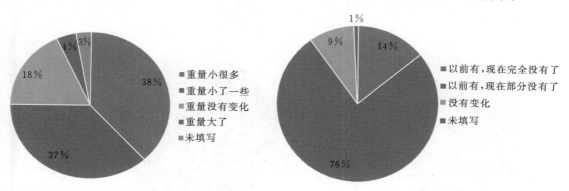

图 9-11　桂江流域调查对象评估桂江
大鱼重量状况比例图

图 9-12　桂江流域调查对象评估桂江
本地鱼类状况比例图

9.2.3　河流适宜性状况

1. 河道景观

调查对象中，认为河道景观优美的占 28%，认为河道景观一般的占 67%，认为河道景观丑陋的占 5%，如图 9-13 所示。

2. 近水难易程度

调查对象中，认为河流近水容易且安全的占 64%，认为河流近水难或不安全的占 36%，如图 9-14 所示。

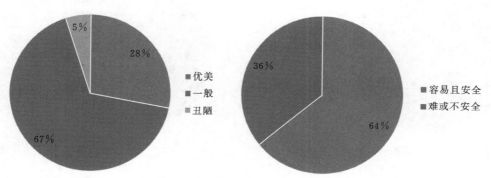

图 9-13　桂江流域调查对象评估桂江
河道景观比例图

图 9-14　桂江流域调查对象评估桂江
近水难易程度比例图

3. 散步与娱乐休闲活动

调查对象中，认为桂江适宜散步与娱乐休闲活动的占 62%，认为不适宜的占 37%，未填写的占 1%，如图 9-15 所示。

9.2.4 与河流相关的历史及文化保护程度

1. 历史古迹或文化名胜了解情况

调查对象中，69％的人知道一些与桂江相关的历史古迹或文化名胜，8％的人比较了解，21％的人不清楚，2％的人未填写，如图9－16所示。

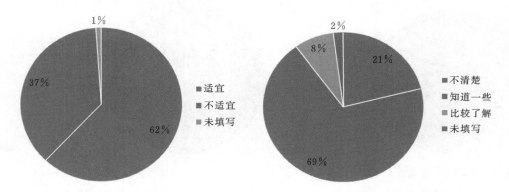

图9－15　桂江流域调查对象评估桂江散步
与娱乐休闲活动比例图

图9－16　桂江调查对象对桂江历史
古迹了解情况比例图

2. 历史古迹或文化名胜保护与开发情况

调查对象中，56％的人认为与桂江相关的历史古迹或文化名胜有保护也对外开放，25％的人认为有保护但不对外开放，15％的人认为没有保护，4％的人未填写，如图9－17所示。

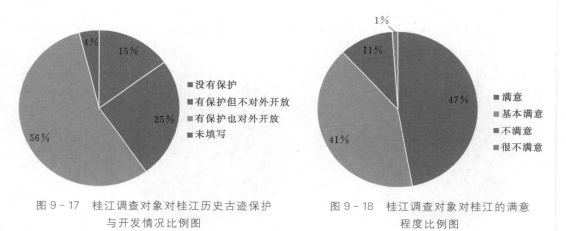

图9－17　桂江调查对象对桂江历史古迹保护
与开发情况比例图

图9－18　桂江调查对象对桂江的满意
程度比例图

9.2.5 对河流的满意程度

调查对象中，对桂江流域现状满意的占47％，基本满意的占41％，不满意的占11％，很不满意的占1％，如图9－18所示。不满意的原因是河流流量枯水期太小，河中水生动物数量逐年减少；电鱼、网鱼现象屡禁不绝；很多污水直接往河中排放；缺乏整体规划，相关配套设施不完善。公众希望的河流状况是水质较好，河流流量在枯水期较大，水中鱼类较多，岸边有安全的休闲场所；保持水质清洁，河岸及河库动植物多样性，相关管理规范化，杜绝电鱼、网鱼现象。

9.3 公众满意度赋分

根据收集有效调查表调查成果以及公众总体评估赋分，按照 3.2.6 的公式和公众类型赋分统计权重表 3-14 计算公众满意度指标，赋分结果如下：

桂江流域 $PPr = 73$。

可见公众对桂江流域基本满意。

河湖不健康的主要表征与压力

10.1 总体评估

综合分析指标体系和公众满意度，对桂江流域进行总体评估，桂江流域总体健康状况见表 10-1，由表可知，桂江流域总体评估分数为 77，属健康。桂江流域总体健康状况评估报告卡如图 10-1 所示。

表 10-1 桂江流域总体健康状况评估表

水　体	REIr	REIw	SSr	SSw	RHIr
桂江流域	78	0.7	73	0.3	77

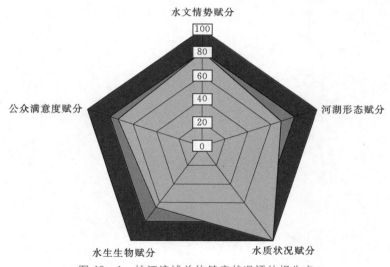

图 10-1 桂江流域总体健康状况评估报告卡

10.2 指标体系整体特征

桂江流域指标体系评估结果如图 10-2 所示，从图中可以看出，桂江流域监测点位中，河湖形态评估结果范围为 48～83，属于亚健康-理想状态；水文情势估结果为 74～85，属于健康；水质状况评估结果均为 100，属于理想状态；水生生物评估结果范围为 54～81，属于亚健康-理想状态。

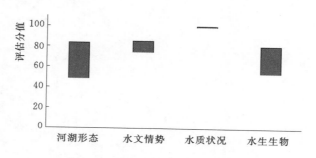

图 10-2　桂江流域指标体系评估结果

桂江流域评估点位综合评估结果如图 10-3 所示。

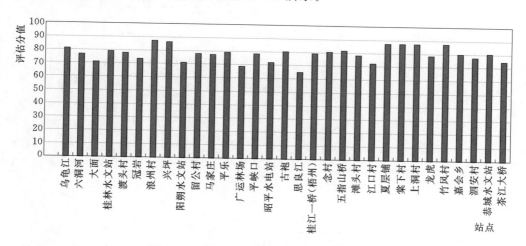

图 10-3　桂江流域评估点位综合评估结果

从图 10-3 可见桂江流域指标体系综合健康分数为 78，属健康。

10.3　不健康的主要表征

由表 10-1 以及图 10-2 可知，桂江流域评估点位中，水文情势和水质状况评估分值普遍较高，河湖形态和水生生物评估分值普遍比较低。水生生物评估分数较低原因是评估体系中底栖动物分数偏低。

10.4　不健康的主要压力

桂江健康状况的主要压力来自于人类活动影响。从评估的结果来看，桂江流域的生态环境负面效益显现。首先，人类活动对河岸带生物栖息地生境带来了较大的干扰；其次，由于河流梯级的开发利用，对河流天然纵向廊道造成阻隔，阻碍了鱼类等生物群落的迁徙与洄游，也导致了生态流量满足程度总体偏低，从而影响水生生物的生存环境，导致评估结果分数偏低。

健 康 管 理 对 策

11.1 河流健康保护及修护目标

桂江流域河流健康保护及修护的目标包括以下两点：第一，严格控制河岸带开发利用强度，减少人类活动对河岸带的影响；第二，控制合理捕捞，保护河流水生生物资源。

11.2 桂江河流健康维护策略

（1）加强河岸带保护与治理。采取植物措施对河流进行保护和治理，如河流岸坡植物防护、人工湿地建设等。在河岸带进行植物防护工程时应综合考虑河流的行洪安全，保障主河道的畅通，利用岸坡漫滩段，选择土著植被群落，结合河流的水位变动情况，有选择性地进行分区种植。推广人工湿地技术，强化河流自净能力，改善水污染状况，提高水环境质量。

（2）加强渔业捕捞管理。结合珠江禁渔制度，制定适合桂江流域的渔业捕捞管理制度，保护河流生物多样性资源，为鱼类等提供栖息场所，形成良好的食物链。

（3）加强监测力度。河流健康迫切需要水量水质相结合的分析资料，要围绕水资源管理与保护的目标，加强水量与水质相结合的监测与分析评价工作。桂江试点的常规监测为每月1～2次，但是补充监测仅为每年2次，需要加强水环境监测的力度。

附表 1 桂江流域水功能区划

序号	水功能一级区	水质目标	起点断面	终点断面	长度/km	序号	水功能二级区	水质目标	起点断面	终点断面	断面	长度/km
1	桂江兴安源头水保护区	Ⅱ	源头	兴安县华江瑶族乡平头山村	18.0	—	—	—	—	—	乌龟江	/
2	桂江（漓江）兴安保留区	Ⅱ	兴安县华江瑶族乡平头山村	斧子口坝址	16.0	—	—	—	—	—	六洞河	/
3	漓江桂林开发利用区	Ⅱ～Ⅲ	斧子口坝址	平乐县平乐镇长滩村	203.0	3-1	漓江兴安、灵川农业、饮用用水区	Ⅲ	斧子口坝址	甘棠江汇合口	大面	59.0
						3-2	漓江桂林饮用水源区	Ⅱ～Ⅲ	甘棠江汇合口	桂林漓江净瓶山大桥	桂林水文站	21.0
						3-3	漓江桂林排污控制区	Ⅲ	桂林漓江净瓶山大桥	良丰江入漓江口	渡头村	5.0
						3-4	漓江雁山景观娱乐用水区	Ⅲ	良丰江入漓江口	雁山区草坪乡	冠岩	26.0
						3-5	漓江雁山、阳朔渔业用水区	Ⅲ	雁山区草坪乡	阳朔县浪洲村	浪州村	2.5
						3-6	漓江阳朔景观娱乐用水区	Ⅲ	阳朔县浪洲村	阳朔县阳朔镇高洲村	兴坪	33.5
						3-7	漓江阳朔饮用、工业、景观用水区	Ⅱ～Ⅲ	阳朔县阳朔镇高洲村	阳朔县福利镇	阳朔水文站	19.0
						3-8	桂江阳朔农业用水区	Ⅲ	阳朔县福利镇	平乐县福兴乡	留公村	18.0
						3-9	桂江平乐饮用水源区	Ⅱ～Ⅲ	平乐县福兴乡	平乐县火电厂	马家庄	9.0
						3-10	桂江平乐工业、农业、渔业用水区	Ⅲ	平乐县火电厂	平乐县平乐镇长滩村	平乐	10.0
4	桂江平乐、昭平保留区	Ⅲ	平乐县平乐镇长滩村	昭平县蓬冲口	37.0	—	—	—	—	—	广运林场	/

序号	水功能一级区	水质目标	起点断面	终点断面	长度/km	序号	水功能二级区	水质目标	起点断面	终点断面	断面	长度/km
5	桂江昭平开发利用区	Ⅱ～Ⅲ	昭平县蓬冲口	昭平县五将镇	43.7	5-1	桂江昭平饮用水源区	Ⅱ	昭平县蓬冲口	昭平电站坝址	平峡口	16.0
						5-2	桂江昭平工业、农业、渔业用水区	Ⅲ	昭平电站坝址	昭平县五将镇	昭平水电站	27.7
6	桂江昭平、苍梧保留区	Ⅲ	昭平县五将镇	梧州市郊平浪村思龙口	88.5	—	—	—	—	—	古袍	/
7	桂江梧州开发利用区	Ⅱ～Ⅲ	梧州市郊平浪村思龙口	桂江口	24.0	7-1	桂江梧州饮用、工业用水区	Ⅱ～Ⅲ	梧州市郊平浪村思龙口	梧州市北山水厂	思良江	22.1
						7-2	桂江梧州景观娱乐用水区	Ⅲ	梧州市北山水厂	桂江口	桂江一桥（梧州）	1.9
8	荔浦河源头水保护区	Ⅱ	源头	荔浦县念村	38.0	—	—	—	—	—	念村	/
9	荔浦河荔浦开发利用区	Ⅱ～Ⅲ	荔浦县念村	入桂江口	87.0	9-1	荔浦河荔浦饮用农业水源区	Ⅱ～Ⅲ	念村	杜莫河口（城关）	五指山桥	33.0
						9-2	荔浦河荔浦工业、农业用水区	Ⅲ	杜莫河口（城关）	马岭河口	滩头村	31.0
						9-3	荔浦河荔浦-平乐过渡区	出口断面Ⅲ类	马岭河口	桂江汇合口	江口村	23.0
10	恭城河源头水保护区	Ⅱ	源头	恭城县大地村（桂、湘省界上游10km）	21.0	—	—	—	—	—	夏层铺	/
11	恭城河上游桂湘缓冲区	Ⅲ	桂、湘省界上游10km	桂、湘省界下游10km	20.0	—	—	—	—	—	棠下村	/
12	恭城河江永保留区	Ⅲ	桂、湘省界下游10km	湘、桂省界上游10km	16.0	—	—	—	—	—	上洞村	/
13	恭城河湘桂缓冲区	Ⅲ	湘、桂省界上游10km	湘、桂省界下游10km	20.0	—	—	—	—	—	龙虎	/
14	恭城河恭城保留区	Ⅲ	湘、桂省界下游10km	恭城县嘉会乡	10.0	—	—	—	—	—	竹风村	/

序号	水功能一级区	水质目标	起点断面	终点断面	长度/km	序号	水功能二级区	水质目标	起点断面	终点断面	断面	长度/km
15	恭城河恭城、平乐开发利用区	Ⅱ～Ⅲ	恭城县嘉会乡	恭城河口（于平乐县汇入桂江）	81.0	15-1	恭城河恭城嘉会农业用水区	Ⅲ	恭城县嘉会乡	嘉会乡白羊村委蟠龙村	嘉会乡	8.4
						15-2	恭城河恭城县城饮用水源区	Ⅱ～Ⅲ	嘉会乡白羊村委蟠龙村	县城江贝村公路桥（茶江桥）	泗安村	14.6
						15-3	恭城河恭城工业、景观用水区	Ⅲ	县城江贝村公路桥（茶江桥）	恭城镇古城村	恭城水文站	10.0
						15-4	恭城河恭城、平乐农业、饮用水源区	Ⅲ	恭城镇古城村	恭城河口（于平乐县汇入桂江）	茶江大桥	48.0

附表 2 桂江流域水功能区河岸带调查表

评估水体	√桂江□百色水库□抚仙湖	水功能区	桂江兴安源头水保护区			调查时间	2013-07-07 至 2013-07-18		填表人		

二级指标	岸坡特征	稳定(90)	基本稳定(75)	次不稳定(25)	不稳定(0)	调查点1 乌龟江 经度(E)	纬度(N)	调查点2 经度(E)	纬度(N)	调查点3 经度(E)	纬度(N)	调查点4 经度(E)	纬度(N)
						110°27'30"	25°47'34"						
						左岸	右岸						
河岸稳定性(BKS)	斜坡倾角/(°)(<)	15	30	45	60	15	30						
	植被覆盖度/%(>)	75	50	25	0	90	80						
	岸坡高度/m(<)	1	2	3	5	1	2.5						
	河岸基质(类别)	基岩	岩土河岸	黏土河岸	非黏土河岸	非黏土河岸	岩土河岸						
	坡脚冲刷强度	无冲刷迹象	轻度冲刷	中度冲刷	重度冲刷	轻度冲刷	轻度冲刷						
河岸带植被覆盖度(RVS)	植被特征	植被稀疏	中度覆盖	重度覆盖	极重度覆盖	左岸	右岸						
	乔木(TCr)/%	0~10	10~40	40~75	>75	8	5						
	灌木(SCr)/%	0~10	10~40	40~75	>75	20	20						
	草本(HCr)/%	0~10	10~40	40~75	>75	72	75						
河岸带人工干扰程度(RD)	人类活动类型	赋分				左岸	右岸						
	河岸硬性砌护	-5					√						
	采砂	-40											
	沿岸建筑物(房屋)	-10											
	公路(或铁路)	-10					√						
	垃圾填埋场或垃圾堆放	-60					√						
	河滨公园	-5											
	管道	-5											
	农业耕种	-15											
	畜牧养殖	-10											

备注：

续表

评估水体	√桂江□百色水库□抚仙湖	水功能区	桂江（漓江）兴安保留区			调查时间		2013-07-07 至 2013-07-18		填表人			
二级指标	岸坡特征	稳定（90）	基本稳定（75）	次不稳定（25）	不稳定（0）	调查点 1	六洞河	调查点 2		调查点 3		调查点 4	
						经度（E）	纬度（N）	经度（E）	纬度（N）	经度（E）	纬度（N）	经度（E）	纬度（N）
						110°29'26"	25°43'41"						
						左岸	右岸						
河岸稳定性（BKS）	斜坡倾角（°）（<）	15	30	45	60	15	15						
	植被覆盖度/%（>）	75	50	25	0	100	80						
	岸坡高度/m（<）	1	2	3	5	1	2						
	河岸基质（类别）	基岩	岩土河岸	黏土河岸	非黏土河岸	岩土河岸	基岩						
	坡脚冲刷强度	无冲刷迹象	轻度冲刷	中度冲刷	重度冲刷	轻度冲刷	轻度冲刷						
河岸带植被覆盖度（RVS）	植被特征	植被稀疏	中度覆盖	重度覆盖	极重度覆盖	左岸	右岸						
	乔木（TCr）/%	0~10	10~40	40~75	>75	30	5						
	灌木（SCr）/%	0~10	10~40	40~75	>75	30	20						
	草本（HCr）/%	0~10	10~40	40~75	>75	40	75						
河岸带人工干扰程度（RD）	人类活动类型	赋分				左岸	右岸						
	河岸硬性砌护	−5											
	采砂	−40											
	沿岸建筑物（房屋）	−10											
	公路（或铁路）	−10					√						
	垃圾填埋场或垃圾堆放	−60											
	河滨公园	−5											
	管道	−5											
	农业耕种	−15											
	畜牧养殖	−10											

备注：

续表

评估水体	✓桂江 □百色水库 □抚仙湖	水功能区	漓江桂林开发利用区			调查时间	2013-07-07 至 2013-07-17		填表人			
二级指标	岸坡特征	稳定(90)	基本稳定(75)	次不稳定(25)	不稳定(0)	调查点1 大面		调查点2 桂林水文站		调查点3 渡头村		调查点4 冠岩	
						经度(E)	纬度(N)	经度(E)	纬度(N)	经度(E)	纬度(N)	经度(E)	纬度(N)
						110°19′34″	25°21′19″	110°18′45″	25°14′5″	110°19′31.60″	25°13′32.97″	110°26′34″	25°3′28″
						左岸	右岸	左岸	右岸	左岸	右岸	左岸	右岸
河岸稳定性(BKS)	斜坡倾角/°(<)	15	30	45	60	30	75	15	15	15	20	15	25
	植被覆盖度/%(>)	75	50	25	0	85	50	90	100	100	100	70	90
	岸坡高度/m(<)	1	2	3	5	1.5	3	2	2	2	2	1.5	2
	河岸基质(类别)	基岩	岩土河岸	黏土河岸	非黏土河岸	岩土河岸	岩土河岸	黏土河岸	黏土河岸	岩土河岸	岩土河岸	非黏土河岸	岩土河岸
	坡脚冲刷强度	无冲刷迹象	轻度冲刷	中度冲刷	重度冲刷	中度冲刷	轻度冲刷	轻度冲刷	轻度冲刷	轻度冲刷	轻度冲刷	轻度冲刷	轻度冲刷
河岸带植被覆盖度(RVS)	植被特征	植被稀疏	中度覆盖	重度覆盖	极重度覆盖	左岸	右岸	左岸	右岸	左岸	右岸	左岸	右岸
	乔木(TCr)/%	0~10	10~40	40~75	>75	70	55	15	5	5	5	25	5
	灌木(SCr)/%	0~10	10~40	40~75	>75	10	15	15	15	30	10	35	30
	草本(HCr)/%	0~10	10~40	40~75	>75	20	30	70	80	65	85	40	65
河岸带人工干扰程度(RD)	人类活动类型	赋分				左岸	右岸	左岸	右岸	左岸	右岸	左岸	右岸
	河岸硬性砌护	−5										√	√
	采砂	−40											
	沿岸建筑物(房屋)	−10				√	√	√			√	√	
	公路(或铁路)	−10										√	√
	垃圾填埋场或垃圾堆放	−60											
	河滨公园	−5											
	管道	−5											
	农业耕种	−15											
	畜牧养殖	−10											

备注：

评估水体	水功能区	调查时间	填表人
√桂江　□百色水库　□抚仙湖	漓江桂林开发利用区	2013-07-07 至 2013-07-18	

调查点	名称	经度(E)	纬度(N)
调查点 1	浪州村	110°27'12.79"	25°02'22.45"
调查点 2	兴坪	110°31'9"	24°55'27"
调查点 3	阳朔水文站	110°30'30"	24°46'30"
调查点 4	留公村	110°34'48"	24°44'26"

二级指标	岸坡特征	稳定(90)	基本稳定(75)	次不稳定(25)	不稳定(0)	调查点1 左岸	调查点1 右岸	调查点2 左岸	调查点2 右岸	调查点3 左岸	调查点3 右岸	调查点4 左岸	调查点4 右岸
河岸稳定性（BKS）	斜坡倾角/(°)(<)	15	30	45	60	15	20	30	15	45	15	20	20
	植被覆盖度/%(>)	75	50	25	0	100	100	90	90	80	80	90	90
	岸坡高度/m(<)	1	2	3	5	2	2	3	2	4	1.5	2.5	3
	河岸基质（类别）	基岩	岩土河岸	黏土河岸	非黏土河岸	岩土河岸	岩土河岸	基岩	黏土河岸	基岩	岩土河岸	非黏土河岸	岩土河岸
	坡脚冲刷强度	无冲刷迹象	轻度冲刷	中度冲刷	重度冲刷	轻度冲刷	轻度冲刷	轻度冲刷	轻度冲刷	轻度冲刷	轻度冲刷	轻度冲刷	轻度冲刷
河岸带植被覆盖度（RVS）	植被特征	植被稀疏	中度覆盖	重度覆盖	极重度覆盖	左岸	右岸	左岸	右岸	左岸	右岸	左岸	右岸
	乔木（TCr)/%	0~10	10~40	40~75	>75	10	10	5	0	10	10	20	30
	灌木（SCr)/%	0~10	10~40	40~75	>75	30	10	30	50	30	30	30	30
	草本（HCr)/%	0~10	10~40	40~75	>75	60	80	65	50	60	60	50	40
河岸带人工干扰程度（RD）	人类活动类型	赋分				左岸	右岸	左岸	右岸	左岸	右岸	左岸	右岸
	河岸硬性砌护	−5								√	√	√	
	采砂	−40											
	沿岸建筑物（房屋）	−10				√	√					√	√
	公路（或铁路）	−10						√		√			
	垃圾填埋场或垃圾堆放	−60											
	河滨公园	−5											
	管道	−5											
	农业耕种	−15											
	畜牧养殖	−10											

备注：

评估水体	✓桂江□百色水库□抚仙湖	水功能区	漓江桂林开发利用区			调查时间	2013-07-07 至 2013-07-18		填表人			
二级指标	岸坡特征	稳定(90)	基本稳定(75)	次不稳定(25)	不稳定(0)	调查点1 110°37'04.58" 经度(E)	马家庄 27°38'10.93" 纬度(N)	调查点2 110°38'30" 经度(E)	平乐 24°38'30" 纬度(N)	调查点3 经度(E) / 纬度(N)	调查点4 经度(E) / 纬度(N)	
						左岸	右岸	左岸	右岸			
河岸稳定性（BKS）	斜坡倾角/(°)(<)	15	30	45	60	45	15	15	15			
	植被覆盖度/%(>)	75	50	25	0	90	50	75	50			
	岸坡高度/m(<)	1	2	3	5	2	1	1	1			
	河岸基质（类别）	基岩	岩土河岸	黏土河岸	非黏土河岸	岩土河岸	岩土河岸	黏土河岸	黏土河岸			
	坡脚冲刷强度	无冲刷迹象	轻度冲刷	中度冲刷	重度冲刷	轻度冲刷	中度冲刷	无冲刷迹象	无冲刷迹象			
河岸带植被覆盖度（RVS）	植被特征	植被稀疏	中度覆盖	重度覆盖	极重度覆盖	左岸	右岸	左岸	右岸			
	乔木（TCr）/%	0～10	10～40	40～75	＞75	20	50	5	10			
	灌木（SCr）/%	0～10	10～40	40～75	＞75	10	30	15	30			
	草本（HCr）/%	0～10	10～40	40～75	＞75	70	20	80	60			
河岸带人工干扰程度（RD）	人类活动类型	赋分				左岸	右岸	左岸	右岸			
	河岸硬性砌护	－5						√	√			
	采砂	－40										
	沿岸建筑物（房屋）	－10						√	√			
	公路（或铁路）	－10				√		√	√			
	垃圾填埋场或垃圾堆放	－60										
	河滨公园	－5										
	管道	－5										
	农业耕种	－15										
	畜牧养殖	－10										

备注：

· 131 ·

评估水体	√桂江□百色水库 □抚仙湖	水功能区	桂江平乐、昭平保留区			调查时间	2013-07-07 至 2013-07-17		填表人					
二级指标	岸坡特征	稳定 (90)	基本 稳定 (75)	次不 稳定 (25)	不稳定 (0)	调查点 1	广运林场	调查点 2		调查点 3		调查点 4		
						经度 (E)	纬度 (N)	经度 (E)	纬度 (N)	经度 (E)	纬度 (N)	经度 (E)	纬度 (N)	
						110° 41′ 40″	24° 24′ 19″							
						左岸	右岸							
河岸稳定性（BKS）	斜坡倾角/(°)(<)	15	30	45	60	30	30							
	植被覆盖度/%(>)	75	50	25	0	75	75							
	岸坡高度/m(<)	1	2	3	5	2	2							
	河岸基质（类别）	基岩	岩土 河岸	黏土 河岸	非黏土 河岸	黏土 河岸	黏土 河岸							
	坡脚冲刷强度	无冲刷 迹象	轻度 冲刷	中度 冲刷	重度 冲刷	轻度 冲刷	无冲刷 迹象							
河岸带植被覆盖度（RVS）	植被特征	植被 稀疏	中度 覆盖	重度 覆盖	极重度 覆盖	左岸	右岸							
	乔木（TCr）/%	0～10	10～40	40～75	>75	50	70							
	灌木（SCr）/%	0～10	10～40	40～75	>75	30	20							
	草本（HCr）/%	0～10	10～40	40～75	>75	20	10							
河岸带人工干扰程度（RD）	人类活动类型	赋分				左岸	右岸							
	河岸硬性砌护	-5												
	采砂	-40												
	沿岸建筑物（房屋）	-10				√	√							
	公路（或铁路）	-10												
	垃圾填埋场或 垃圾堆放	-60												
	河滨公园	-5												
	管道	-5												
	农业耕种	-15				√								
	畜牧养殖	-10												

备注：

评估水体	√桂江□百色水库 □抚仙湖	水功能区	桂江昭平开发利用区			调查时间	2013-07-07至 2013-07-17	填表人			
二级指标	岸坡特征	稳定 (90)	基本稳定 (75)	次不稳定 (25)	不稳定 (0)	调查点1 平峡口		调查点2 昭平水电站		调查点3	调查点4
						经度(E) 111°1'7"	纬度(N) 23°51'56"	经度(E) 110°49'09.11"	纬度(N) 24°12'19.05"	经度(E) / 纬度(N)	经度(E) / 纬度(N)
						左岸	右岸	左岸	右岸		
河岸稳定性 (BKS)	斜坡倾角/(°)(<)	15	30	45	60	30	45	15	30		
	植被覆盖度/%(>)	75	50	25	0	75	75	70	50		
	岸坡高度/m(<)	1	2	3	5	2	2	2	2		
	河岸基质（类别）	基岩	岩土河岸	黏土河岸	非黏土河岸	黏土河岸	黏土河岸	岩土河岸	岩土河岸		
	坡脚冲刷强度	无冲刷迹象	轻度冲刷	中度冲刷	重度冲刷	无冲刷迹象	无冲刷迹象	轻度冲刷	轻度冲刷		
河岸带植被覆盖度 (RVS)	植被特征	植被稀疏	中度覆盖	重度覆盖	极重度覆盖	左岸	右岸	左岸	右岸		
	乔木（TCr）/%	0~10	10~40	40~75	>75	10	10	20	30		
	灌木（SCr）/%	0~10	10~40	40~75	>75	10	10	30	20		
	草本（HCr）/%	0~10	10~40	40~75	>75	80	80	50	50		
河岸带人工干扰程度 (RD)	人类活动类型	赋分				左岸	右岸	左岸	右岸		
	河岸硬性砌护	−5									
	采砂	−40									
	沿岸建筑物（房屋）	−10				√		√	√		
	公路（或铁路）	−10				√	√				
	垃圾填埋场或垃圾堆放	−60									
	河滨公园	−5									
	管道	−5									
	农业耕种	−15									
	畜牧养殖	−10									

备注：

评估水体	√桂江□百色水库□抚仙湖	水功能区	桂江昭平、苍梧保留区				调查时间	2013-07-07 至 2013-07-18		填表人				
二级指标	岸坡特征	稳定（90）	基本稳定（75）	次不稳定（25）	不稳定（0）	调查点 1 古袍		调查点 2		调查点 3		调查点 4		
						经度（E）	纬度（N）	经度（E）	纬度（N）	经度（E）	纬度（N）	经度（E）	纬度（N）	
						110°56′37″	23°56′9″							
						左岸	右岸							
河岸稳定性（BKS）	斜坡倾角/（°）（<）	15	30	45	60	30	15							
	植被覆盖度/%（>）	75	50	25	0	75	75							
	岸坡高度/m（<）	1	2	3	5	1	1							
	河岸基质（类别）	基岩	岩土河岸	黏土河岸	非黏土河岸	黏土河岸	黏土河岸							
	坡脚冲刷强度	无冲刷迹象	轻度冲刷	中度冲刷	重度冲刷	无冲刷迹象	轻度冲刷							
河岸带植被覆盖度（RVS）	植被特征	植被稀疏	中度覆盖	重度覆盖	极重度覆盖	左岸	右岸							
	乔木（TCr）/%	0~10	10~40	40~75	>75	10	10							
	灌木（SCr）/%	0~10	10~40	40~75	>75	10	10							
	草本（HCr）/%	0~10	10~40	40~75	>75	80	80							
河岸带人工干扰程度（RD）	人类活动类型	赋分				左岸	右岸							
	河岸硬性砌护	−5												
	采砂	−40					√							
	沿岸建筑物（房屋）	−10				√	√							
	公路（或铁路）	−10					√							
	垃圾填埋场或垃圾堆放	−60												
	河滨公园	−5												
	管道	−5												
	农业耕种	−15												
	畜牧养殖	−10												

备注：

续表

评估水体	√桂江□百色水库 □抚仙湖	水功能区	桂江梧州开发利用区			调查时间	2013-07-07 至 2013-07-17		填表人				
二级指标	岸坡特征	稳定 (90)	基本稳定 (75)	次不稳定 (25)	不稳定 (0)	调查点 1	思良江	调查点 2	桂江一桥 (梧州)	调查点 3		调查点 4	
						经度 (E)	纬度 (N)	经度 (E)	纬度 (N)	经度 (E)	纬度 (N)	经度 (E)	纬度 (N)
						111° 13′ 29.37″	23° 32′ 27.23″	110° 8′ 38″	23° 38′ 12″				
						左岸	右岸	左岸	右岸				
河岸稳定性 (BKS)	斜坡倾角/(°)(<)	15	30	45	60	15	15	45	60				
	植被覆盖度/%(>)	75	50	25	0	90	90	50	75				
	岸坡高度/m(<)	1	2	3	5	2.5	2.5	3	5				
	河岸基质（类别）	基岩	岩土河岸	黏土河岸	非黏土河岸	岩土河岸	岩土河岸	黏土河岸	黏土河岸				
	坡脚冲刷强度	无冲刷迹象	轻度冲刷	中度冲刷	重度冲刷	轻度冲刷	轻度冲刷	轻度冲刷	无冲刷迹象				
河岸带植被覆盖度 (RVS)	植被特征	植被稀疏	中度覆盖	重度覆盖	极重度覆盖	左岸	右岸	左岸	右岸				
	乔木（TCr）/%	0～10	10～40	40～75	>75	20	20	5	5				
	灌木（SCr）/%	0～10	10～40	40～75	>75	10	10	15	15				
	草本（HCr）/%	0～10	10～40	40～75	>75	70	70	80	80				
河岸带人工干扰程度 (RD)	人类活动类型	赋分				左岸	右岸	左岸	右岸				
	河岸硬性砌护	−5											
	采砂	−40											
	沿岸建筑物（房屋）	−10											
	公路（或铁路）	−10						√	√				
	垃圾填埋场或垃圾堆放	−60											
	河滨公园	−5											
	管道	−5											
	农业耕种	−15				√		√					
	畜牧养殖	−10											

备注：

评估水体	√桂江□百色水库□抚仙湖	水功能区	荔浦河源头水保护区			调查时间		2013-07-07 至 2013-07-17		填表人			
二级指标	岸坡特征	稳定(90)	基本稳定(75)	次不稳定(25)	不稳定(0)	调查点 1	念村	调查点 2		调查点 3		调查点 4	
						经度(E)	纬度(N)	经度(E)	纬度(N)	经度(E)	纬度(N)	经度(E)	纬度(N)
						110°13′23″	24°23′17″						
						左岸	右岸						
河岸稳定性（BKS）	斜坡倾角/(°)(<)	15	30	45	60	15	15						
	植被覆盖度/%(>)	75	50	25	0	50	75						
	岸坡高度/m(<)	1	2	3	5	1	1						
	河岸基质（类别）	基岩	岩土河岸	黏土河岸	非黏土河岸	非黏土河岸	非黏土河岸						
	坡脚冲刷强度	无冲刷迹象	轻度冲刷	中度冲刷	重度冲刷	轻度冲刷	无冲刷迹象						
河岸带植被覆盖度（RVS）	植被特征	植被稀疏	中度覆盖	重度覆盖	极重度覆盖	左岸	右岸						
	乔木（TCr）/%	0～10	10～40	40～75	>75	10	5						
	灌木（SCr）/%	0～10	10～40	40～75	>75	25	15						
	草本（HCr）/%	0～10	10～40	40～75	>75	65	80						
河岸带人工干扰程度（RD）	人类活动类型	赋分				左岸	右岸						
	河岸硬性砌护	-5					√						
	采砂	-40											
	沿岸建筑物（房屋）	-10											
	公路（或铁路）	-10											
	垃圾填埋场或垃圾堆放	-60				√							
	河滨公园	-5											
	管道	-5											
	农业耕种	-15											
	畜牧养殖	-10											

备注：

评估水体	√桂江□百色水库□抚仙湖	水功能区	荔浦河荔浦开发利用区			调查时间		2013-07-07 至 2013-07-17		填表人			
二级指标	岸坡特征	稳定(90)	基本稳定(75)	次不稳定(25)	不稳定(0)	调查点1 五指山桥		调查点2 滩头村		调查点3 江口村		调查点4	
						经度(E)	纬度(N)	经度(E)	纬度(N)	经度(E)	纬度(N)	经度(E)	纬度(N)
						110°19′50″	24°26′39″	110°26′46″	24°30′38″	110°36′0″	24°37′1″		
						左岸	右岸	左岸	右岸	左岸	右岸		
河岸稳定性(BKS)	斜坡倾角/(°)(<)	15	30	45	60	15	15	15	15	15	15		
	植被覆盖度/%(>)	75	50	25	0	75	75	75	75	75	75		
	岸坡高度/m(<)	1	2	3	5	1	1	1	1	1	1		
	河岸基质（类别）	基岩	岩土河岸	黏土河岸	非黏土河岸	黏土河岸	黏土河岸	黏土河岸	黏土河岸	黏土河岸	黏土河岸		
	坡脚冲刷强度	无冲刷迹象	轻度冲刷	中度冲刷	重度冲刷	轻度冲刷	无冲刷迹象	无冲刷迹象	无冲刷迹象	无冲刷迹象	无冲刷迹象		
河岸带植被覆盖度(RVS)	植被特征	植被稀疏	中度覆盖	重度覆盖	极重度覆盖	左岸	右岸	左岸	右岸	左岸	右岸		
	乔木（TCr）/%	0～10	10～40	40～75	>75	5	5	5	5	5	5		
	灌木（SCr）/%	0～10	10～40	40～75	>75	15	15	15	15	15	15		
	草本（HCr）/%	0～10	10～40	40～75	>75	80	80	80	80	80	80		
河岸带人工干扰程度(RD)	人类活动类型	赋分				左岸	右岸	左岸	右岸	左岸	右岸		
	河岸硬性砌护	-5							√				
	采砂	-40											
	沿岸建筑物（房屋）	-10				√			√		√		
	公路（或铁路）	-10				√	√		√	√	√		
	垃圾填埋场或垃圾堆放	-60											
	河滨公园	-5											
	管道	-5											
	农业耕种	-15											
	畜牧养殖	-10											

备注：

续表

评估水体	√桂江□百色水库□抚仙湖	水功能区	恭城河源头水保护区		调查时间	2013-07-07至2013-07-17		填表人			
二级指标	岸坡特征	稳定(90)	基本稳定(75)	次不稳定(25)	不稳定(0)	调查点1　夏层铺		调查点2		调查点3	调查点4
						经度(E)	纬度(N)	经度(E)/纬度(N)		经度(E)/纬度(N)	经度(E)/纬度(N)
						111°11′00.25″	25°10′24.63″				
						左岸	右岸				
河岸稳定性(BKS)	斜坡倾角/(°)(<)	15	30	45	60	20	15				
	植被覆盖度/%(>)	75	50	25	0	80	90				
	岸坡高度/m(<)	1	2	3	5	2.5	1.5				
	河岸基质（类别）	基岩	岩土河岸	黏土河岸	非黏土河岸	岩土河岸	岩土河岸				
	坡脚冲刷强度	无冲刷迹象	轻度冲刷	中度冲刷	重度冲刷	轻度冲刷	轻度冲刷				
河岸带植被覆盖度(RVS)	植被特征	植被稀疏	中度覆盖	重度覆盖	极重度覆盖	左岸	右岸				
	乔木（TCr）/%	0~10	10~40	40~75	>75	10	15				
	灌木（SCr）/%	0~10	10~40	40~75	>75	30	10				
	草本（HCr）/%	0~10	10~40	40~75	>75	60	75				
河岸带人工干扰程度(RD)	人类活动类型	赋分				左岸	右岸				
	河岸硬性砌护	-5									
	采砂	-40									
	沿岸建筑物（房屋）	-10				√	√				
	公路（或铁路）	-10									
	垃圾填埋场或垃圾堆放	-60									
	河滨公园	-5									
	管道	-5									
	农业耕种	-15									
	畜牧养殖	-10									

备注：

桂江流域水功能区河岸带调查表 附表2

续表

评估水体	√桂江□百色水库□抚仙湖	水功能区	恭城河上游桂湘缓冲区				调查时间	2013-07-07 至 2013-07-17		填表人			
二级指标	岸坡特征	稳定(90)	基本稳定(75)	次不稳定(25)	不稳定(0)	调查点1 棠下村 经度(E) 111°08'57.70″	纬度(N) 25°08'16.31″	调查点2 经度(E)	纬度(N)	调查点3 经度(E)	纬度(N)	调查点4 经度(E)	纬度(N)
						左岸	右岸						
河岸稳定性(BKS)	斜坡倾角/(°)(<)	15	30	45	60	20	15						
	植被覆盖度/%(>)	75	50	25	0	80	90						
	岸坡高度/m(<)	1	2	3	5	2.5	1.5						
	河岸基质（类别）	基岩	岩土河岸	黏土河岸	非黏土河岸	岩土河岸	岩土河岸						
	坡脚冲刷强度	无冲刷迹象	轻度冲刷	中度冲刷	重度冲刷	轻度冲刷	轻度冲刷						
河岸带植被覆盖度(RVS)	植被特征	植被稀疏	中度覆盖	重度覆盖	极重度覆盖	左岸	右岸						
	乔木（TCr）/%	0~10	10~40	40~75	>75	10	10						
	灌木（SCr）/%	0~10	10~40	40~75	>75	30	10						
	草本（HCr）/%	0~10	10~40	40~75	>75	60	80						
河岸带人工干扰程度(RD)	人类活动类型	赋分				左岸	右岸						
	河岸硬性砌护	−5											
	采砂	−40											
	沿岸建筑物（房屋）	−10											
	公路（或铁路）	−10											
	垃圾填埋场或垃圾堆放	−60											
	河滨公园	−5											
	管道	−5											
	农业耕种	−15				√							
	畜牧养殖	−10											

备注：

评估水体	√桂江□百色水库□抚仙湖	水功能区	恭城河江永保留区			调查时间	2013−07−07 至 2013−07−17		填表人				
二级指标	岸坡特征	稳定（90）	基本稳定（75）	次不稳定（25）	不稳定（0）	调查点 1 上洞村		调查点 2		调查点 3		调查点 4	
						经度（E）	纬度（N）	经度（E）	纬度（N）	经度（E）	纬度（N）	经度（E）	纬度（N）
						111° 05′ 14.44″	25° 06′ 23.02″						
						左岸	右岸						
河岸稳定性（BKS）	斜坡倾角/(°)(<)	15	30	45	60	15	30						
	植被覆盖度/%(>)	75	50	25	0	70	50						
	岸坡高度/m(<)	1	2	3	5	2	2						
	河岸基质（类别）	基岩	岩土河岸	黏土河岸	非黏土河岸	岩土河岸	岩土河岸						
	坡脚冲刷强度	无冲刷迹象	轻度冲刷	中度冲刷	重度冲刷	轻度冲刷	轻度冲刷						
河岸带植被覆盖度（RVS）	植被特征	植被稀疏	中度覆盖	重度覆盖	极重度覆盖	左岸	右岸						
	乔木（TCr）/%	0～10	10～40	40～75	>75	10	10						
	灌木（SCr）/%	0～10	10～40	40～75	>75	30	20						
	草本（HCr）/%	0～10	10～40	40～75	>75	60	70						
河岸带人工干扰程度（RD）	人类活动类型	赋分				左岸	右岸						
	河岸硬性砌护	−5											
	采砂	−40											
	沿岸建筑物（房屋）	−10				√	√						
	公路（或铁路）	−10											
	垃圾填埋场或垃圾堆放	−60											
	河滨公园	−5											
	管道	−5											
	农业耕种	−15											
	畜牧养殖	−10											

备注：

续表

评估水体	✓桂江□百色水库 □抚仙湖	水功能区	恭城河湘桂缓冲区			调查时间	2013-07-07 至 2013-07-18		填表人			
						调查点 1	龙虎	调查点 2		调查点 3		调查点 4	
二级指标	岸坡特征	稳定 (90)	基本稳定 (75)	次不稳定 (25)	不稳定 (0)	经度 (E)	纬度 (N)	经度 (E)	纬度 (N)	经度 (E)	纬度 (N)	经度 (E)	纬度 (N)
						110°57′12″	25°4′44″						
						左岸	右岸						
河岸稳定性（BKS）	斜坡倾角/(°)(<)	15	30	45	60	15	30						
	植被覆盖度/%(>)	75	50	25	0	70	50						
	岸坡高度/m(<)	1	2	3	5	2	4						
	河岸基质（类别）	基岩	岩土河岸	黏土河岸	非黏土河岸	岩土河岸	岩土河岸						
	坡脚冲刷强度	无冲刷迹象	轻度冲刷	中度冲刷	重度冲刷	轻度冲刷	轻度冲刷						
河岸带植被覆盖度（RVS）	植被特征	植被稀疏	中度覆盖	重度覆盖	极重度覆盖	左岸	右岸						
	乔木（TCr）/%	0～10	10～40	40～75	>75	5	5						
	灌木（SCr）/%	0～10	10～40	40～75	>75	20	10						
	草本（HCr）/%	0～10	10～40	40～75	>75	75	85						
河岸带人工干扰程度（RD）	人类活动类型	赋分				左岸	右岸						
	河岸硬性砌护	−5											
	采砂	−40											
	沿岸建筑物（房屋）	−10				✓							
	公路（或铁路）	−10				✓	✓						
	垃圾填埋场或垃圾堆放	−60											
	河滨公园	−5											
	管道	−5											
	农业耕种	−15											
	畜牧养殖	−10											

备注：

续表

评估水体	✓桂江□百色水库□抚仙湖	水功能区	恭城河恭城保留区			调查时间	2013-07-07 至 2013-07-17		填表人		
						调查点 1　竹风村		调查点 2		调查点 3	调查点 4
二级指标	岸坡特征	稳定（90）	基本稳定（75）	次不稳定（25）	不稳定（0）	经度（E）110°52'19.47"	纬度（N）25°02'45.36"	经度（E）	纬度（N） 经度（E） 纬度（N）	经度（E） 纬度（N）	
						左岸	右岸				
河岸稳定性（BKS）	斜坡倾角/(°)(<)	15	30	45	60	15	15				
	植被覆盖度/%(>)	75	50	25	0	90	90				
	岸坡高度/m(<)	1	2	3	5	2.5	2.5				
	河岸基质（类别）	基岩	岩土河岸	黏土河岸	非黏土河岸	岩土河岸	岩土河岸				
	坡脚冲刷强度	无冲刷迹象	轻度冲刷	中度冲刷	重度冲刷	轻度冲刷	轻度冲刷				
河岸带植被覆盖度（RVS）	植被特征	植被稀疏	中度覆盖	重度覆盖	极重度覆盖	左岸	右岸				
	乔木（TCr）/%	0～10	10～40	40～75	＞75	20	20				
	灌木（SCr）/%	0～10	10～40	40～75	＞75	10	10				
	草本（HCr）/%	0～10	10～40	40～75	＞75	70	70				
河岸带人工干扰程度（RD）	人类活动类型	赋分				左岸	右岸				
	河岸硬性砌护	－5									
	采砂	－40									
	沿岸建筑物（房屋）	－10				✓					
	公路（或铁路）	－10									
	垃圾填埋场或垃圾堆放	－60									
	河滨公园	－5									
	管道	－5									
	农业耕种	－15									
	畜牧养殖	－10									

备注：

评估水体	√桂江 □百色水库 □抚仙湖	水功能区	恭城河恭城、平乐开发利用区			调查时间	2013-07-07 至 2013-07-18		填表人		
二级指标	岸坡特征	稳定(90)	基本稳定(75)	次不稳定(25)	不稳定(0)	调查点1 嘉会乡		调查点2 泗安村		调查点3 恭城水文站		调查点4 茶江大桥
						经度(E)	纬度(N)	经度(E)	纬度(N)	经度(E)	纬度(N)	经度(E)	纬度(N)
						110°51'43"	24°59'46"	110°52'01.52"	24°58'21.88"	110°50'1"	24°50'58"	110°49'42"	24°50'33"
						左岸	右岸	左岸	右岸	左岸	右岸	左岸	右岸
河岸稳定性(BKS)	斜坡倾角/(°)(<)	15	30	45	60	10	15	20	15	20	10	30	30
	植被覆盖度/%(>)	75	50	25	0	90	90	80	90	80	90	60	60
	岸坡高度/m(<)	1	2	3	5	2	2.5	2.5	1.5	2.5	1.5	5	5
	河岸基质(类别)	基岩	岩土河岸	黏土河岸	非黏土河岸	岩土河岸	岩土河岸	岩土河岸	岩土河岸	岩土河岸	岩土河岸	黏土河岸	黏土河岸
	坡脚冲刷强度	无冲刷迹象	轻度冲刷	中度冲刷	重度冲刷	轻度冲刷	轻度冲刷	轻度冲刷	轻度冲刷	轻度冲刷	轻度冲刷	轻度冲刷	无冲刷迹象
河岸带植被覆盖度(RVS)	植被特征	植被稀疏	中度覆盖	重度覆盖	极重度覆盖	左岸	右岸	左岸	右岸	左岸	右岸	左岸	右岸
	乔木(TCr)/%	0~10	10~40	40~75	>75	10	20	15	15	10	20	30	20
	灌木(SCr)/%	0~10	10~40	40~75	>75	30	30	30	10	30	30	10	10
	草本(HCr)/%	0~10	10~40	40~75	>75	60	50	55	75	60	50	60	70
河岸带人工干扰程度(RD)	人类活动类型	赋分				左岸	右岸	左岸	右岸	左岸	右岸	左岸	右岸
	河岸硬性砌护	−5										√	√
	采砂	−40											
	沿岸建筑物(房屋)	−10						√	√			√	√
	公路(或铁路)	−10					√					√	
	垃圾填埋场或垃圾堆放	−60				√							
	河滨公园	−5											
	管道	−5										√	
	农业耕种	−15										√	
	畜牧养殖	−10					√						

备注：

附表 3 河流健康评估公众调查表

个人基本情况

姓名		性别		年龄	
文化程度		职业		民族	
住址		联系电话			

河流/水库对个人生活的重要性		沿河/库居民（河岸以外 1km 以内范围）			
很重要		与河流/水库的关系	非沿河/库居民	河道/水库管理者	
较重要				河道/水库周边从事生产活动者	
一般				经常旅游者	
不重要				偶尔旅游者	

河流/水库状况评估

河流/水库水量		河流/水库水质		河/库滩地	
太少		清洁		树草状况	河/库滩上的树草太少
还可以		一般			河/库滩上的树草数量还可以
太多		比较脏		垃圾堆放	无垃圾堆放
不好判断		太脏			有垃圾堆放
鱼类数量		大鱼重量		本地鱼类	
数量少很多		重量小很多		你所知道的本地鱼数量和名称	
数量少了一些		重量小了一些		以前有，现在完全没有了	
没有变化		没有变化		以前有，现在部分没有了	
数量多了		重量大了		没有变化	

河流/水库适宜性状况

河道/水库景观	优美		历史古迹或文化名胜了解情况		不清楚
	一般				知道一些
	丑陋		与河流/水库相关的历史及文化保护程度		比较了解
近水难易程度	容易且安全				没有保护
	难或不安全		历史古迹或文化名胜保护与开发情况		有保护但不对外开放
散步与娱乐休闲活动	适宜				有保护也对外开放
	不适宜				

对河流/水库的满意程度调查			
总体评估赋分标准		不满意的原因是什么?	希望的河流/水库状况是什么样的?
很满意	100		
满意	80～100		
基本满意	60～80		
不满意	30～60		
很不满意	0～30		
总体评估赋分